DE QUANTO VOCÊ PRECISA?

Catalogação na Fonte
Elaborado por: Josefina A. S. Guedes
Bibliotecária CRB 9/870

C289d 2023

Carneiro, Raphael
De quanto você precisa? / Raphael Carneiro. – 1. ed. – Curitiba : Appris, 2023.
148 p. ; 23 cm.

ISBN 978-65-250-4889-5

1. Finanças pessoais. 2. Educação financeira. 3. Orçamento pessoal. I. Título.

CDD – 332.024

Editora e Livraria Appris Ltda.
Av. Manoel Ribas, 2265 – Mercês
Curitiba/PR – CEP: 80810-002
Tel. (41) 3156 - 4731
www.editoraappris.com.br

Printed in Brazil
Impresso no Brasil

Raphael Carneiro

DE QUANTO VOCÊ PRECISA?

FICHA TÉCNICA

EDITORIAL	Augusto V. de A. Coelho Sara C. de Andrade Coelho
COMITÊ EDITORIAL	Marli Caetano Andréa Barbosa Gouveia - UFPR Edmeire C. Pereira - UFPR Iraneide da Silva - UFC Jacques de Lima Ferreira - UP
SUPERVISOR DA PRODUÇÃO	Renata Cristina Lopes Miccelli
PRODUÇÃO EDITORIAL	Bruna Holmen
REVISÃO	Cristiana Leal
DIAGRAMAÇÃO	Luciano Popadiuk
CAPA	Sheila Alves

A Pedro e Amanda. Meus suportes.

SUMÁRIO

INTRODUÇÃO 9

1
DINHEIRO: AMOR OU ÓDIO? 13

2
O DINHEIRO EM CADA FASE DA VIDA 25

3
FINANÇAS PESSOAIS 47

4
INVISTA POR OBJETIVOS 111

5
QUANTO É O SUFICIENTE? 131

CONCLUSÃO 147

INTRODUÇÃO

De quanto você precisa?

Sim, de quanto dinheiro você precisa para toda a sua vida?

Essa pergunta consegue ser simples e complexa ao mesmo tempo. E é raro encontrar quem saiba responder. Poderia dizer aqui que ter noção desse número é algo que tem o poder de transformar a vida de uma pessoa. É verdade, tem esse poder. Porém, não precisa fechar o livro agora porque não vem por aí uma sessão de bronca pela frente. Aliás, pode fechar o livro se achar que as próximas páginas terão uma fórmula mágica para chegar ao bendito número. Não terá.

E não terá por dois motivos:

1. Essa fórmula mágica não existe;
2. Se a ideia fosse apresentar uma fórmula mágica, que serviria para qualquer pessoa, em qualquer situação, não era necessário um livro. Bastava uma página e pronto. Além, é claro, de uma embalagem dourada, floreios e algum dizer que levasse você a acreditar que estava encontrando o caminho da riqueza.

Não se trata de achar aqui o número mágico, mas de entender a importância dele, saber o que ele pode significar para a sua vida e, ao longo desse processo, entender ferramentas que ajudarão no caminho. Seja para chegar ao valor necessário para toda a vida, seja para melhorar sua situação financeira.

Este é um livro para todos, desde quem tem dificuldade financeira até quem não precisa se preocupar com o saldo na conta bancária. São realidades absurdamente diferentes, mas quem as vive pode tirar proveito do que virá pela frente. Ao longo das próximas páginas, tentarei respeitar a desigualdade da realidade brasileira. Nada de ilusões ou situações que se encaixem somente em uma pequena parcela mais favorecida. Não é isso o que quero.

Assim, é um livro para todas as classes, idades e gênero. Por costume de nossa língua portuguesa, é provável que encontre muito mais referências no masculino; mas, como sou uma pessoa que sabe a importância da representação, me esforçarei ao máximo para falar de forma genérica e ampla. Acho que trazer as diversas realidades para as páginas vai ser importante.

Este é um livro para todos. Um livro que nasceu da ideia de ajudar a melhorar a relação das pessoas com as finanças e, assim, poder melhorar, o mínimo que seja, o estilo de vida. Esses são meus objetivos enquanto atuo como planejador financeiro. Esses serão meus objetivos nas páginas que virão.

EDUCAÇÃO FINANCEIRA: UM CAMINHO

O Brasil é um país onde os serviços financeiros estão longe de ser exemplo. Além do mal atendimento aos clientes, o sistema é pouco eficiente, caro e com uma transparência de uma pintura sólida. Fora as dificuldades que cria, o sistema também se aproveita da fragilidade de quem está do outro lado.

Finanças ainda é um tema caro aos brasileiros. Seja por preconceito — algo que abordarei nos primeiros capítulos — seja pela falta de conhecimento. A verdade é que falta educação financeira. A Educação Financeira, aqui com caixa alta proposital, é o caminho para diminuir as desigualdades, mas com um alerta importante aos mais apressados: ela não resolverá nada a curto prazo. É um processo que será trabalhoso no começo e terá o resultado observado ao longo dos anos.

Não será da noite para o dia, não será em um passe de mágica. É um processo de longo prazo que deveria ser montado como uma política de transformação social no país, mas nem todo mundo tem esse tempo todo para esperar. Decisões financeiras precisam ser tomadas diariamente. Quanto maior a demora para que a educação financeira alcance grande parte da população, maior a chance de quem mais precisa desse conhecimento tomar decisões equivocadas.

São atitudes que passam desde a ideia de comprar algo à vista ou parcelado até o pensamento sobre como se preparar para a aposentadoria. Financiamentos, consórcios, títulos de capitalização, dinheiro da poupança, cheque especial, taxa de juros, descontos... A lista é imensa e tem impacto direto nas finanças pessoais.

Enquanto esse conhecimento financeiro não gera os frutos necessários para mudar o cenário, são imprescindíveis ações e gatilhos que possam facilitar. E, obviamente, conteúdo de qualidade para acelerar o processo.

Mas — sempre existe um "mas" —, a teoria não é a garantia de sucesso. Fosse o conhecimento um carimbo de bons resultados, não veríamos quem ganha muito com problema financeiro, não teríamos mestres e doutores caindo em golpes aqui e acolá, não usaríamos uma expressão tão comum como: "Logo essa pessoa, que sabe tanto e caindo nisso...".

Alguns motivos explicam. Um lado é o psicológico. Quando falamos de dinheiro, a razão é sobreposta pela emoção em muitos cenários. Promessas e projeções criam um brilho nos olhos e atrapalham o julgamento de muitas pessoas. Não deveria, é verdade, mas acontece.

TEORIA E PRÁTICA

Além disso, há um ponto crucial: não basta saber, tem que colocar em prática. Por isso, mais do que educação financeira, é necessária a disciplina financeira. Primeiro vem o conhecimento, em seguida, a disciplina para colocar em prática aquilo que a teoria mostrou como o melhor a ser feito.

Aqui me atrevo a tomar emprestado um conceito explorado por Mogan Housel, em *A Psicologia Financeira*. No livro, ele comenta que o comportamento é mais importante do que o conhecimento. É exatamente ter disciplina financeira. Com isso, podemos entender que o sucesso financeiro de uma pessoa tem mais a ver com seu comportamento do que com sua inteligência.

A pretensão neste livro é municiá-lo de teoria. Obviamente, colocar em prática é um compromisso que você precisa ter com seu eu do futuro, mas buscarei apresentar algumas formas e ferramentas que possam ajudar a quebrar a inércia e postergação que temos em muitas partes de nossas vidas.

Que o livro possa também ser consultado por você quando tiver alguma dúvida específica sobre determinado movimento financeiro que pretenda fazer. A compra de um bem, o pensamento na aposentadoria, o planejamento de sua vida financeira. Que possa agregar em algum momento.

Por fim, meu maior desejo é que você consiga terminar a leitura e ter claro, em sua mente, o que será necessário fazer para ter o estilo de vida que você quer. Que você saiba como chegar naquele número mágico.

De quanto é mesmo que você precisa?

Boa leitura!

DINHEIRO: AMOR OU ÓDIO?

Em um *reality-show* brasileiro, no começo de 2022, um dos participantes era um dos netos de um dono de uma grande emissora de televisão. Durante sua participação no programa, o ator não teve uma passagem forte, não se envolveu em polêmicas e tentou manter um clima amigável entre os companheiros, quase uma antítese ao jogo. Ele relatou também que a relação com o avô não era das melhores, que eles sequer tinham proximidade, que sentia falta da presença do avô em momentos de família e que tudo o que havia conquistado teria sido por seu esforço, sem a participação direta do avô, apesar de carregar consigo o sobrenome, o que é um legítimo direito dele.

Pois bem, esse participante, com uma passagem apagada ou não — não é o caso em debate aqui —, não conseguiu sobreviver dentro do programa. Não tenho condições para avaliar se a presença dele era boa, se ele gerava engajamento, se tinha um papel fundamental dentro da casa. Porém, o que me chamou atenção para o caso dele foi quando, em determinado dia, ele apertou um botão específico para os participantes que desejam sair do jogo. Ele desistiu.

Para contextualizar, caso você não conheça o programa, o que acredito ser bem difícil, é o Big Brother Brasil, em que as pessoas ficam confinadas dentro de uma casa com regras, tarefas, limitações e alguns jogos para movimentar o ambiente. A cada semana, um dos participantes ganha a condição de líder enquanto outros, normalmente dois ou três, disputam quem será o eliminado da vez. Tudo isso por um prêmio de R$ 1,5 milhão em 2022.

É muito dinheiro em jogo. Talvez não seja para quem já é milionário, mas, ainda assim, é uma quantia relevante. Deve existir um motivo forte para que uma pessoa desista de buscar um prêmio desse, o que nos leva à conclusão de que de fato deve ter ocorrido algo importante para que Thiago Abravanel, o neto de Sílvio Santos, apertasse aquele botão. Ao que tudo indica, um motivo psicológico.

O que me chamou atenção foi ver as redes sociais no dia seguinte. O debate não girava em torno do que teria motivado a desistência. Chovia ódio ao desistente. Para ser justo, não era um ódio pessoal. Era um ódio e um amargor à classe que ele estaria ali representando. Não era ele um milionário ou um bilionário, mas era neto de um. Ele foi alvo de toda raiva que as pessoas sentem de quem tem muito dinheiro.

Não se trata de uma defesa ou algo do tipo. Longe de mim de querer colocar os ricos como coitados ou dignos de pena. Definitivamente, não são; e não precisam dessa defesa. O ponto é como reagimos a quem tem uma riqueza acumulada e como isso afeta nossa própria relação com o dinheiro.

Outro dia li uma frase interessante: "As pessoas têm raiva de quem é rico, mas todo mundo quer ser rico". Esse caso é um exemplo. Poucas pessoas consideravam o lado psicológico na desistência. A crítica era sempre pelo dinheiro que o avô dele tem, não pelo que ele poderia estar passando naquele momento. Por ser neto de rico, a impressão é de que ele não poderia desistir de um programa, melhor ainda, que ele não teria capacidade de persistir para continuar no programa. Tudo pela condição financeira do avô.

Não sei se psicologicamente ele é forte ou fraco, se tem condição ou não de participar de um programa desse tipo. O que eu sei é que a condição financeira do avô não deve, ou não deveria, interferir no julgamento das atitudes dele. Um dos comentários que mais me chamou atenção é a conversa que transcrevo a seguir:

"*Colocam um cara neto de bilionário, dá nisso*" — escreveu uma pessoa em uma rede social.

"*Algum problema contra bilionários?* – respondeu outra.

Eis que aparece uma terceira pessoa na conversa e diz:

"Putz, cara, eu tenho vários problemas com bilionários. Vários, mesmo. A princípio acho que todos deveriam ir para a guilhotina".

Calma aí, gente. Quem é bilionário deve morrer? O crime seria ter dinheiro? Se você me disser que uma pessoa que enriqueceu cometendo crimes deve ser presa e pagar por isso, vou ser mais um a reforçar esse coro. Se cometeu crime, precisa responder por isso e arcar com as consequências. Não se trata de uma defesa de ninguém. Cometeu crime? Que cumpra a pena adequada! O que é bem diferente dispor uma opinião de pena de morte para quem é bilionário. E se a pessoa acumulou aquele patrimônio de maneira honesta merece ir para guilhotina somente por ter acumulado aquele valor?

São perguntas retóricas, eu sei. O que queria mostrar, na verdade, é a base para começarmos a falar sobre o dinheiro. Precisamos tratar do preconceito que as pessoas têm com o dinheiro. Antes que você faça cara feia, não quero dizer que os ricos sofrem preconceito ou discriminação. Podem sofrer, mas não tenho condição de atestar. Tampouco quero comparar a dor e o sofrimento alheio. Não há comparação na dor.

O preconceito que falo aqui é em relação ao dinheiro em si. Vamos ver... Como você lida com o dinheiro? Não falo do dinheiro que você tem (ou não tem) na mão ou na conta corrente. Falo do dinheiro no geral. Qual sua visão sobre ele?

Pense um pouco antes de seguir a leitura!

> Vou propor um exercício. Pegue o celular, o computador ou um caderno e liste seus sentimentos em relação ao dinheiro. Deixe um espaço para mais duas colunas. Volte a essa lista ao terminar este capítulo e ao final do livro. Se possível, compartilhe as respostas comigo nas redes sociais.

RELAÇÃO HISTÓRICA

A relação que cada pessoa tem com dinheiro é individual, obviamente, mas tem um peso coletivo. Ela é carregada de laços históricos e comportamentos familiares. Quando falo em "relação com o dinheiro", me refiro à sensação que você tem ao falar, ao pensar ou projetar o dinheiro. Não gosto de generalizar, porém, em alguns momentos, é um artifício válido, e aqui vai uma generalização que não indica que todos façam da mesma forma, mas sim um comportamento usual e comum de ser observado no dia a dia.

Por diversos motivos, que falarei um pouco logo mais, os brasileiros não têm uma boa relação com o dinheiro. Em muitas famílias, em muitos lares, o dinheiro é visto como algo negativo, um meio de gerar o mal. Essa visão vai passa de geração em geração. Em nossa formação, temos a tendência de repetir, replicar ou até adaptar os comportamentos de nossos pais.

Esse é um ponto que não está ligado somente ao dinheiro, mas a todos os campos de nossa vida. Somos influenciáveis e, por proximidade, ainda mais suscetíveis à influência de nossos pais. Além da educação doméstica, eles nos passam seus hábitos e costumes. Podemos ver exemplos disso no nosso lazer, se gostamos ou não de ir à praia, se gostamos ou não de ir a shows, muitas vezes com o gosto musical, na forma como nos relacionamos com as pessoas, nos mais básicos costumes diários. Não seria diferente na relação com o dinheiro.

Vale lembrar que não é uma regra, que não é um ato contínuo, que não é algo fixo. São influências que vão mudar nossos comportamentos e vão sempre ser adaptáveis à personalidade de cada pessoa. Esse histórico familiar é modificado à medida que a pessoa cresce, amadurece e começa a ter a sua própria visão de mundo, mas a influência sempre estará presente. Ainda que em um detalhe.

Isso tem um impacto grande nas finanças. Pode fazer, por exemplo, com que uma pessoa não consiga juntar o mínimo que seja, mesmo com uma receita alta. É o preconceito com dinheiro que gera estrago e muitos problemas ao longo da vida. Você pode achar estranho, achar que é algo que ou não tem influência ou não existe. No entanto, essa é uma situação muito comum.

Para demonstrar isso, farei uma simples pergunta: quantas vezes você já ouviu ou falou frases como as que vou colocar a seguir?

- *Também, com o pai e a mãe ricos, é fácil ter dinheiro;*
- *Tem dinheiro demais, só pode estar fazendo alguma coisa errada;*
- *Dinheiro só traz o mal;*
- *Aquele ali só pensa em dinheiro, não pensa nos outros;*
- *Foi pura sorte, não tem como ter tanto dinheiro assim.*

Gabaritou? Difícil não ter pelo menos duas ou três dessas frases no seu histórico. Porém, não precisa se martirizar. É verdade que pode ter um pouco de inveja por trás de cada afirmação, mas, além da nossa bagagem de vida, tem o subconsciente. Nosso cérebro sempre age para que sigamos a lei do menor esforço e, assim, seguirmos de bem com a vida. Ter dinheiro, ganhar muito dinheiro, dá trabalho. O cérebro, no subconsciente, vai querer que você gaste a menor energia possível para ter os resultados que precisa.

Além disso, é uma proteção contra a frustração. Não há nenhuma garantia que o máximo de esforço dê o máximo de retorno financeiro possível. Você pode ser a pessoa que mais vai se esforçar, que mais vai se dedicar, que mais vai trabalhar e, ainda assim, não conseguir acumular o patrimônio que deseja. Isso gera frustração, gera sofrimento. E nosso cérebro quer nos proteger. Em muitos casos, acaba se tornando uma muleta emocional.

Esse é um ponto que dá ainda mais força para o preconceito com o dinheiro. Além dos costumes enraizados, passados de geração em geração, essa proteção natural de nosso organismo reforça a aversão que muitos de nós temos em relação ao dinheiro. Por isso, muitas vezes, o sentimento que temos, ao falar sobre o dinheiro, é negativo. Isso dificulta a conversa, dificulta o debate e gera muitos problemas financeiros.

Se não falamos sobre o dinheiro, como vamos entender melhor os meandros das finanças e, assim, buscar meios para resolver os possíveis problemas? Termina que entramos em um ciclo sem fim. Pelos costumes passados, temos o pé atrás com o dinheiro, não lidamos bem com as finanças, nosso cérebro age para que se afaste daquilo que não gostamos e acabamos ficando em situação delicada. Seja individualmente, seja em família. Sem conversar, a situação não melhora e se agrava, o que nos faz ter um sentimento ainda pior em relação ao dinheiro.

Em *Os segredos da mente milionária*, T. Harv Eker faz uma citação que se encaixa muito bem nesse ponto: "Pensamentos conduzem a sentimentos, sentimentos conduzem a ações. Ações conduzem a resultados".

É um resumo bem didático do que chamei de ciclo sem fim. Se os pensamentos em relação ao dinheiro são negativos, eles vão gerar um sentimento negativo. Esse sentimento negativo, por fim, resultará em ações que vão nos afastar do dinheiro. Quando digo nos afastar, quero falar das pessoas que têm dificuldade em ganhar dinheiro (o que não inclui aqueles que passam ou vivem uma dificuldade por causa do cenário externo, como a situação econômica do país, mas sim de intercorrências pessoais) e daquelas pessoas que até ganham dinheiro, que podem ganhar bem, mas que muitas vezes — e aí é a sensação que temos — é que, inexplicavelmente, a pessoa não consegue acumular o dinheiro que ganha. Como num passe de mágica, o montante vai todo pelo ralo.

Contudo, não é inexplicavelmente. O lado psicológico tem uma forte influência nessa situação. Por achar que o dinheiro não presta, inconscientemente fazemos de tudo para nos livrarmos dele. Se ele não presta ou se ele vai nos corromper, o cérebro age (olha ele aí de novo). E age de uma maneira que faz com que o dinheiro "inexplicavelmente" evapore da conta bancária.

O ódio a quem tem dinheiro é disseminado, incentivado e até bem aceito. Mais uma vez, trago uma reflexão importante sobre esse tema. Como citei anteriormente, as pessoas odeiam os ricos, mas querem ser ricas. Como é que vão se tornar aquilo que tanto desprezam? E mais: caso consigam ter sucesso financeiro ao longo da vida, acumular patrimônio, mudar o estilo de vida, passarão a desprezar os filhos, que terão a "sorte" de ter pais ricos?

O DINHEIRO E A RELIGIÃO

Há ainda outro fator importante que ajuda a explicar esse sentimento do brasileiro em relação ao dinheiro. É, reconheço, um tema polêmico, por isso, adianto que não quero falar do aspecto individual, mas sim do global. Alerto isso porque me refiro à religião.

Adianto, e ressalvo, que não quero entrar em questões ligadas à religião de fato, à veneração de deuses ou santos, à interpretação da *Bíblia*. O ponto que tem importância nesse tema é como as religiões encaram o dinheiro e o trabalho. A visão que é passada para os fiéis tem um impacto grande em seu comportamento. Dessa maneira, as religiões predominantes na formação de um país têm grande impacto em como o povo vai lidar com o trabalho e o dinheiro.

O Brasil foi colonizado e teve uma formação religiosa com base no catolicismo. Foi a visão dessa religião sobre o trabalho e o dinheiro que ajudou a formar nossa sociedade, bem como a cultura cristã em sua base, a culpa.

O cristianismo faz com que fique enraizado em seus seguidores o sentimento de culpa em relação ao dinheiro. Seja ganhar dinheiro, seja gostar do dinheiro, seja aproveitar o dinheiro. Tanto é que diversas vezes há o julgamento de quem aproveita o dinheiro que tem enquanto outros passam dificuldade. Isso faz com que a pessoa se sinta culpada por ter aquele dinheiro ou por aproveitá-lo. As redes sociais mostram claramente esse comportamento. Uma simples postagem de uma aquisição ou de um momento de lazer pode virar um turbilhão de críticas e uma enxurrada de agressões por ter e mostrar que tem condição de viver aquele momento.

Lá na Idade Média, o catolicismo já condenava a prática da usura. A usura, de fato, deve ser condenada. Desde a Idade Média, havia também a condenação da busca pelo lucro, na ênfase da busca do dinheiro ou do acúmulo do dinheiro como filosofia de vida. Essa é uma questão diferente. A usura, a busca desenfreada por lucrar, o acúmulo pelo acúmulo, tirando proveito de outras pessoas, de fato, é, e deve ser, condenável. A questão é como esse ensinamento foi transmitido ao longo dos anos.

Na formação brasileira, por exemplo, ter ou querer dinheiro foi tratado como algo ruim, inclusive pela religião. O trabalho não era visto como algo bom, mas como uma punição. Isso gera consequências até hoje. O trabalho, em muitos casos, continua sendo visto como algo menor, feito somente por quem não tem privilégios, como se fosse uma punição. O sonho de vida é não precisar mais trabalhar. É viver de renda.

Essa é uma ilusão que foi criada com base na visão distorcida do trabalho. Não é raro encontrar quem fale que quer ganhar na Mega-Sena para não precisar nunca mais trabalhar; ou quem use esse objetivo para lucrar na internet com a venda de cursos e atalhos para a riqueza, sempre com o alerta: "Não precise trabalhar nunca mais". Em todos os casos, a ação do trabalho é vista de forma pejorativa, negativa. Por consequência, a busca do dinheiro tem o mesmo sentimento.

A relação com o dinheiro nas religiões protestantes é diferente. Mais uma vez, faço um adendo que não estou dizendo qual é a melhor religião, mas focando em como elas enxergam o dinheiro. Na própria doutrina do protestantismo, estão alguns princípios que fortalecem o capitalismo. O trabalho é enaltecido, e a obtenção de bens é vista como um sinal de lucro. Em sua essência, o protestantismo tem a ideia de que tudo o que a pessoa possui é uma graça de Deus. Nesse "tudo" está o dinheiro. Isso faz com que a busca seja incentivada, assim como um consumo diante daquilo que conquistou.

Perceber a diferença entre como essas visões nos afetam não é muito difícil. Um exemplo que gosto de utilizar, em palestrar e eventos, é o comportamento que temos enquanto jovens. Em países com uma maior formação protestante, geralmente utilizo os Estados Unidos, os jovens buscam desde cedo ter uma renda. Ela pode vir limpando o jardim do vizinho, tirando a neve do quintal, cuidado de uma criança ou passeando com animais. É um comportamento comum e visto com grande naturalidade. A pessoa está ali trabalhando para ter um determinado valor como recompensa.

TRABALHO COMO PUNIÇÃO

Quando trazemos essa situação para o Brasil, a realidade é muito diferente. O trabalho é visto como uma punição, algo negativo. O jovem, no geral, prefere depender do pai ou da mãe a buscar a própria renda. Obviamente há exceções, mas é um comportamento umbilicalmente ligado à nossa sociedade. Reproduzimos esse preconceito sem perceber, muitas vezes. Quer um exemplo?

Seja na escola, seja na faculdade, seja no trabalho, qual o pensamento que tem quando vê alguém vendendo doces, salgados ou qualquer outro tipo de artigo? Sem querer buscar na memória para tentar aquela resposta que você acha mais coerente para o momento, o que muitos logo insinuam é que aquela pessoa está passando por alguma dificuldade. Olhamos torto, conjecturamos problemas financeiros, compramos "por pena" ou com uma das frases que carrega o preconceito do começo ao fim: "Nem queria, mas comprei só pra ajudar. Deve estar precisando".

Esse é um pensamento absurdamente preconceituoso. Claro que, em muitos casos, a pessoa busca uma renda extra (ou uma renda, de fato) por passar dificuldade, mas nem sempre é por problemas financeiros. Há quem utilize de estratégias desse tipo, vender algo na escola/faculdade/trabalho para conseguir atingir um objetivo mais rápido ou de forma mais tranquila. Pode ser bancar a viagem das férias, a formatura, o casamento. São muitos os motivos que não passam, necessariamente, por um problema financeiro.

Utilizar esse artifício deveria ser visto como algo normal e até prestigiado. Afinal, em busca de um projeto, a pessoa está utilizando o tempo livre que pode ter (muitas vezes na madrugada) para poder conseguir monetizar de alguma forma. Digna de elogios, não de pena.

Contudo, o preconceito que temos com o trabalho e com a busca do dinheiro nos leva a outro caminho; o que se estende a quem, claramente, diz que quer ganhar dinheiro para enriquecer. Qual o crime nisso? Quando digo enriquecer, não estou me referindo a ter milhões e milhões na conta, mas enriquecer para poder ter o estilo de vida que deseja, poder jantar, viajar, pagar as contas e outras coisas sem a preocupação se o dinheiro vai chegar até o final do mês. Quando ler enriquecer por aqui, leia no sentido de ter a vida deseja sem dor de cabeça com o extrato bancário no final do mês. Há algo de errado em desejar e trabalhar para isso?

Obviamente que não há problema algum, desde que tudo feito de maneira legal. Porém, não é bem assim que o brasileiro costuma reagir quando ouve esse desejo de alguém. Egoísta, mesquinho, individualista, são alguns dos adjetivos utilizados por quem ousa verbalizar e trabalhar por esse objetivo. Mais um exemplo do preconceito que temos com o trabalho e o dinheiro.

Se você se encaixa em alguns desses pontos, ignore todo o resto. Foque apenas você.

Nesse ponto, há um quesito interessante. Na mesma medida que temos aversão ao trabalho em si, valorizamos mais o esforço, desde que ele seja feito por outros em nosso proveito. Ficou confuso? Calma que eu explico.

Esse ponto tem uma relação direita com a ideia de que há sempre alguém querendo levar a melhor sobre nós. É uma luta diária para não deixar alguém nos passar a perna, ainda mais quando se trata do lado financeiro.

Isso é muito visto quando precisamos de um serviço, seja qual for, mas com maior ênfase nos trabalhos manuais.

Um exemplo: você sai de casa para uma reunião, volta na hora do almoço e tem uma hora e meia até uma nova reunião. Porém, quando vai entrar em casa, percebe que perdeu a chave. Não tem ninguém do lado de dentro, e sua única saída é chamar um chaveiro. O profissional chega para fazer o serviço e... deixo duas possibilidades:

a. Ele olha a porta, coloca um instrumento, abre e te entrega uma nova chave em 15 minutos;
b. Ele olha a porta, coça a cabeça, diz que vai ser difícil, mexe e remexe em sua mala de ferramentas e, depois de quase uma hora de idas e vindas, enfim abre a porta e te entrega uma chave nova.

Os dois te cobram R$ 50 pelo serviço. Em qual dos dois casos, você pagará mais convicto de que o preço é justo?

Fiz esse teste de maneira informal, e a maioria esmagadora optou pela segunda opção. Quando perguntei o motivo, as respostas giraram em torno de: "Foi mais difícil ele abrir, não foi?"

Não necessariamente. O processo foi o mesmo. Um entregou o resultado em 15 minutos, o outro em uma hora. O primeiro foi prático, direto e te deu uma hora e 15 minutos para comer e descansar antes de sair para a outra reunião. O segundo fez cena, passou a impressão de um trabalho complicado e te deixou somente com 30 minutos para comer, descansar e sair novamente.

O seu tempo tem valor?

O que coloquei anteriormente sobre um chaveiro pode ser utilizado também para um mecânico, um técnico de informática, um pedreiro, um advogado, um planejador financeiro. Valorizamos a impressão do esforço, não a competência. Esse é um problema que temos em relação ao dinheiro por viver em uma sociedade em que há sempre o risco de alguém querer te enganar. Deixamos de pensar no dinheiro em relação ao tempo, ao nosso tempo, mas pensamos nele em relação ao que a pessoa precisou fazer para recebê-lo.

Hoje, prefiro que meu problema seja bem resolvido da maneira mais breve possível. Recompenso quem o faz ainda mais feliz do que faria com quem pudesse me enrolar para passar a imagem de uma suposta dificuldade. Isso é valorizar a incompetência.

EDUCAÇÃO FINANCEIRA COMO ARMA

Quando se fala de dinheiro e educação financeira, há também um terceiro tipo de preconceito, que causa estragos absurdos: ideológico/político. A propagação da educação financeira é classificada, por parte daqueles que se colocam como progressistas, como algo maquiavélico feito pelo capitalismo. O que deixa transparecer é que falar de dinheiro transforma imediatamente alguém em uma engrenagem que só propagará o mal. Falar sobre dinheiro é visto como um crime.

Bastam dez segundos de uma reflexão séria para perceber o absurdo desse preconceito. O defendido é não falar sobre educação financeira para que não se propague ideais "neoliberais" (seja lá o que isso for a depender da época em que é dito). Porém, se não é ensinado uma melhor maneira de lidar com o dinheiro, as pessoas permanecerão cometendo os mesmos erros de sempre e sendo vítimas fáceis do sistema capitalista que os críticos da educação financeira dizem tanto combater. A política de demonizar a educação financeira nada mais gera do que maiores problemas financeiros entre quem mais precisa do conhecimento.

Com a educação financeira, é preciso lidar com esse preconceito em relação ao dinheiro. Entender, saber avaliar e tomar melhores decisões não faz de ninguém direita ou esquerda. A ideologia política passa muito longe de ter ou não educação financeira. Se o buscado é que todas as pessoas tenham um melhor nível de conhecimento, não faz sentido ser contra um melhor nível de conhecimento sobre o dinheiro. Ter educação financeira não vai tornar ninguém milionário, capitalista, socialista ou qualquer outra coisa. Apenas fará a pessoa lidar melhor com o dinheiro e ter condições de tomar melhores decisões.

Vale também ressaltar que a educação financeira tem muitos defeitos, principalmente quando é propagada somente falando de investimentos, e que não vai resolver tudo sozinha. Ela é parte de uma engrenagem, uma ferramenta no caminho, mas de nada vai adiantar a educação financeira se as condições socioeconômicas continuarem tão discrepantes nos país. O ideal é que a educação financeira esteja acompanhada de políticas públicas, melhorias na defesa do consumidor, agências de fiscalização e melhores condições financeiras. É um conjunto.

TUDO NO PAPEL

Era importante deixar esses pontos claros e em evidência antes de prosseguirmos. Acredito que são questões que podem ajudar a mudar sua visão em relação ao dinheiro. Uma mudança prática, que possa ser vista e sentida no dia a dia. Acredito que, ao menos na questão comportamental, é o básico para que você consiga alterar sua vida financeira. Antes de colocar em prática o que verá nas páginas a seguir, é importante ter em mente o que não pode pensar sobre o dinheiro. É o primeiro passo.

Antes de seguirmos, um ponto extra: tudo o que falei até agora não foi para que o dinheiro seja colocado em um pedestal. Foi para tirar a fama negativa que ele tem, não para que seja o centro de sua vida. Acredito, defendo e tento propagar a ideia de que o dinheiro é um instrumento para atingirmos o que queremos. Não é o fim. Não deve ser tratado como objetivo final de tudo. Ele é uma forma de atingirmos nossos objetivos. Por isso, a necessidade de ter as funções claras e definidas.

O dinheiro é o instrumento que pode permitir você chegar ao ponto que deseja. Comer onde sonha, viajar para onde quiser, morar e viver onde almeja. É um instrumento para transformar seu estilo de vida. Tenha esse instrumento bem qualificado em seu dia a dia.

O DINHEIRO EM CADA FASE DA VIDA

O costume na família era de se reunir todo fim de semana. Não havia uma programação fixa, apenas a certeza de que em um dos dois dias todos estariam juntos. E foi assim naquele domingo, mas decidiram variar um pouco no encontro. Os avós acordaram sem vontade de ir para a cozinha e sugeriram uma ida ao restaurante. Eles, João e Jaqueline, ligaram para o filho para dar a sugestão de um restaurante para comer. Roberto iria com a esposa, Alice, e o filho do casal, Paulo, de 4 anos.

Era apenas uma ligação para avisar que o encontro seria em um restaurante, não em casa, e que depois passeariam pela cidade. Demorou mais de 30 minutos.

João e Jaqueline estavam aposentados, faziam de três a quatro viagens por ano, sempre passando 15 dias fora, e não lembravam a última vez que tiveram que fazer contas para o mês fechar no azul. A vida financeira na aposentadoria não lembrava nem de perto a que tiveram durante boa parte da vida. Além dos empregos que tinham, fizeram transporte escolar, venderam comida em barracas em festas, rifas e, algumas vezes, tiveram que recorrer a agiotas para manter o estilo de vida, com os filhos em um colégio privado e com os esportes que gostavam de praticar. Agora, aproveitavam a vida de aposentado com tudo controlado e dinheiro de sobra.

Sem a preocupação financeira, queriam ir a um restaurante novo, que havia sido inaugurado havia uma semana, onde era difícil ver um prato com menos de três dígitos no preço.

"Pai, não sei se consigo ir lá. Você sabe que estou igual a você quando era novo, sempre escolhendo pelo lado direito do cardápio. Depois vejo o nome do prato", brincou Roberto.

Ele e Alice ainda não tinham completado a primeira década de casados. Os dois empregados, ganhavam razoavelmente bem e, com isso, conseguiam manter um estilo de vida tranquilo. Sem exageros, mas com tudo certinho, incluindo uma boa escola para Paulo. De vez em quando, até tinha uma ou outra estripulia, mas com os pés no chão.

Os dois ficaram no telefone debatendo o assunto durante longos minutos. Enquanto João reforçava o desejo de conhecer o restaurante novo, e Roberto lembrava a necessidade de controlar os gastos, Paulo não estava nem aí. Só dizia que queria sair logo porque estava com fome. Quem pagaria? Onde seria? Ele não precisava se importar com isso. Só queria comer.

TRÊS MOMENTOS, TRÊS PREOCUPAÇÕES

No relato do domingo em família, vimos um dilema que envolvia três gerações e três momentos distintos em relação ao dinheiro. Isso acontece em minha casa, na sua, na do vizinho. Nós temos estágios na vida que nos levam a pensar e lidar com as finanças de maneira diferente. Cada momento exige uma particularidade e atenções diferentes.

Quebrar os paradigmas e preconceitos em relação ao dinheiro é o primeiro passo para que possamos mudar a forma como lidamos com ele. Queiramos ou não, o dinheiro é algo constante, presente e indispensável em nosso dia a dia. Pelo menos na sociedade em que vivemos atualmente.

As consequências positivas ou negativas dessa relação são temas para outro livro, para outro momento. Não adianta fechar os olhos e virar as costas para algo que é necessário para viver. Você pode tentar mudar o sistema, ser contra a ideologia vigente e fazer suas movimentações para que o cenário seja alterado. Vai da ideologia e do desejo de cada pessoa. Só não dá para ignorar. Afinal, como dizem por aí — alerta para mais uma expressão de preconceito —, o dinheiro pode até ser um mal, mas ele é necessário.

Vivemos e temos o dinheiro à nossa volta desde o nascimento até nosso último dia na terra. É preciso dinheiro para tudo. Das primeiras compras após a descoberta de uma gravidez até os custos para a despedida de uma pessoa da terra. É uma constante, não há como fugir. Então, qual o motivo para criar resistência ou tentar impedir uma melhor compreensão financeira?

Apesar de ser uma constante em nossa vida, a relação que temos com o dinheiro sofre algumas alterações ao longo do tempo. A interação enquanto criança é totalmente diferente daquela que temos no auge da vida adulta. Cada estágio da vida tem uma necessidade e exige uma compreensão diferente. É importante entender essas peculiaridades para evitar atropelar o processo.

Essas mudanças podem ser classificadas como ciclos da vida financeira. Costumo dividi-lo em cinco momentos distintos. Do nascimento à aposentadoria. São entendimentos e necessidades que se farão presentes de formas distintas. Divido os ciclos da seguinte forma: **Primeiro Momento (0 a 20 anos)**, **Formação (20 a 30 anos)**, **Crescimento (30 a 45 anos)**, **Consolidação (45 a 60 anos)** e **Relaxamento (acima dos 60 anos)**.

Aproveitando, em qual fase você está? Como tem lidado com ela? Já parou para pensar sobre isso?

A divisão não indica que o planejamento financeiro seja diferente em cada momento, que será necessário fazer e refazer a cada etapa. Primeiro, essas etapas não são imutáveis e mudam de uma para outra com o aniversário. São faixas de idade em que a relação com o dinheiro tem características específicas, mas que mudam de pessoa para pessoa. Além disso, o planejamento financeiro pode ser feito englobando toda a vida. O que vai mudar é o foco em cada momento, já que as necessidades, as prioridades e os desejos vão se alterando com o passar do tempo.

PRIMEIRO MOMENTO

Essa é a fase de Paulo. Ele pouco queria saber sobre onde seria o almoço, se os preços são altos ou baixos, como seria o pagamento. Ele queria ir, comer e ficar com os avós. A única preocupação que ele tinha era de sair logo de casa para ter a certeza que comeria em breve. Nada mais.

Cada pessoa tem seu ciclo particular, é verdade, mas no geral esse primeiro momento acontece nos 20 anos iniciais de vida. É quando a pessoa ainda é dependente de alguém e começa a formação de seus conceitos financeiros. Essa dependência tem variação de família para família. Há quem precise trabalhar para gerar renda ainda no começo da adolescência, por exemplo. Isso está longe de ser o recomendado, seja financeira ou psicologicamente. No entanto, muitas vezes é a única forma de sobreviver.

Em condições que podemos classificar como as indicadas, a relação que a criança terá com o dinheiro é basicamente de mão única, sem grandes comprometimentos, mas que pode ser a base para começar a ter uma relação sadia no futuro.

Uma pergunta que sempre recebo é sobre quando começar a falar sobre finanças com as crianças. Não há uma idade certa, o importante é observar o desenvolvimento e o entendimento de cada uma. Os pais devem entender quando e como começar a falar sobre a relação com o dinheiro a depender de como os filhos reagem e entendem o cenário do dia a dia. Por exemplo, comecei a esboçar alguns comentários e acertos com Pedro, meu filho, na reta final dos 4 anos dele. Nada sem grande profundidade, mas o suficiente para que ele entenda que o dinheiro é finito e que existem duas relações importantes: a) trabalhar para gerar dinheiro e b) organizar e se planejar para realizar os objetivos.

Esses são os dois principais conceitos que a criança precisa entender sobre o dinheiro. Isso é bom para que ela saiba, como dizia meu pai, "que dinheiro não dá em árvore". É preciso fazer algo para que ele possa ser conquistado, e esse algo pode ir sendo trabalhado dentro de casa de maneira que a criança entenda o motivo de papai e mamãe passarem tanto tempo na rua trabalhando. Não é incomum, por exemplo, quando Pedro pede algo e eu digo que não tenho dinheiro naquele momento, ele me responder: "Então você precisa trabalhar mais para comprar isso".

Pode não ser a melhor aplicação para o pedido, mas mostra que ele entendeu bem a relação entre o dinheiro e o trabalho. Isso será fundamental para a formação dele com cidadão e o entendimento do trabalho na vida adulta. A importância de iniciar uma boa base de educação financeira não é para que a criança se torne milionária. Isso pode ou não acontecer. É para que o cidadão futuro tenha uma melhor relação com dinheiro, possa tomar melhores decisões e evite ser mais um na fila da inadimplência ao longo do tempo.

Essa conversa deve evoluir de acordo com a sensibilidade dos pais em relação ao entendimento dos filhos. Começa pelo conceito do dinheiro, a relação de troca, seja para ganha, seja para gastar o dinheiro e a percepção de organização financeira. Esse último ponto pode ser incluído na conversa com o início de uma mesada.

CUIDADO COM A MENSAGEM

Aqui vale um alerta. Dar mesada (ou qualquer outro nome para uma quantia dada de maneira constante) é uma boa forma de iniciar a responsabilidade da criança com o dinheiro, mas é preciso ter cuidado. O melhor é não relacionar mesada a afazeres domésticos, questões escolares ou bom comportamento. Esses são pontos que a criança deve crescer entendendo que são fundamentais para um bom relacionamento na vida.

Até dá para criar padrões que vão diminuir ou não o valor a ser pago, por exemplo, condicionar a constância ao arrumar o quarto ou um prêmio por boas notas na escola, mas nunca cair na tentação de prometer o pagamento por ter arrumado o quarto ou por ter estudado. Essas são coisas que a criança deve fazer independentemente de uma recompensa. Pode-se incentivar, mas jamais condicionar uma coisa à outra; caso contrário, a mensagem de uma boa relação com o dinheiro começará de maneira equivocada.

A relação com o dinheiro, nesse estágio inicial, não deve estar ligada às tarefas básicas e regras de convivência. Se tem dificuldade em atrelar esse ponto, deixe o dinheiro fora da jogada. Primeiro eduque seu filho ou sua filha para as tarefas domésticas e escolares. Afinal, arrumar o quarto, comer direito, não bater ou xingar os outros e estudar são hábitos que devem ser feitos independentemente de receber ou não um bom dinheiro por isso. Depois pense em como encaixar o dinheiro na jogada.

Além da mesada, que fica a cargo de cada família, é possível ajudar a criança a ter atenção financeira de outra maneira, por exemplo, com investimentos mensais ou periódicos de olho no futuro. Com uma conta em um banco ou em uma corretora, você pode fazer investimentos que darão uma segurança maior para a criança no futuro.

Os depósitos não precisam ter um valor elevado. Pode começar com R$ 20 por mês ou valores maiores a cada data festiva. Você cria sua regra de acordo com suas condições financeiras. O que precisa ser certo é a regularidade. Seja mensal, semestral ou anual, o compromisso precisa ser mantido ao longo dos anos.

Uma conta simples: se você depositar R$ 100 por mês dos 2 aos 18 anos de seu filho, terá acumulado R$ 19.200. Porém, se tiver a disciplina e conseguir uma rentabilidade de 5% ao ano, terá acumulado R$ 29.033. Não se trata de uma grande fortuna, mas, sem dúvida, é um valor interessante para começar a vida adulta. Dará uma segurança maior para aquele adolescente que vai começar a encarar os desafios e problemas da vida.

Que tal, então, criar agora um compromisso com os filhos ou crianças que você tenha proximidade? Não precisa de grandes promessas, mas de um horizonte. Não há certo ou errado, nem a melhor coisa a ser feita. Adeque o que foi falado até aqui para a sua realidade.

EDUCAÇÃO AOS POUCOS

Aí vem o pulo do gato. Entregar esse dinheiro na mão de uma pessoa de 18 anos sem uma base sobre finanças é um convite a torrar tudo em um verão. Não basta montar a reserva e dar a senha da conta. No primeiro estágio da vida financeira, a criança é dependente em termos de posse e de teoria. É preciso, então, fazer um trabalho gradativo de educação, o que pode acontecer de maneira casada com a mesada. Enquanto a criança entende que a mesada pode ser utilizada para o dia a dia, começa a ter o entendimento de planejamento para o futuro. Esse ponto pode ser feito de duas formas. A primeira, como falei anteriormente, é dividindo antes o que é mesada e o que é "investimento". No segundo caso, você pode dar o valor total para a criança, mas definir com ela um percentual que irá para a conta de olho no futuro.

A definição fica a seu critério; pode ser uma divisão 50/50, por exemplo. Há quem divida em três partes: um valor para gastar, um valor para doação e um valor para investir. "Mas qual o sentido de dar o dinheiro já definindo quanto ela vai doar?", você pode se perguntar. Faz sentido e ensina muito. No primeiro caso, a criança recebe somente aquilo que vai ficar com ela, ou seja, não tem a noção do valor total, não tem a sensação. Sempre haverá alguém pensando pelo futuro dela. No segundo caso, não. Ela vai receber o valor cheio e precisa criar o hábito de separar uma parte para investir (e para doar, caso queira também). Investir é um hábito que precisa ser criado ao longo do tempo. E fazer isso na infância ajuda bastante a manter durante a fase adulta.

Você pode se perguntar agora sobre onde investir esse dinheiro, onde alocar esse "presente" para o futuro. Esse é um ponto que não pode nem deve ser respondido em um livro. A decisão de alocação é sua e tem que abranger variáveis como o conhecimento, horizonte de investimento, apetite e condição de assumir risco, além de cenários políticos e econômicos.

O que posso adiantar para ajudar nessa jornada é uma visão mais ampla do que você deve procurar: opções que te protejam da inflação ao longo do tempo com certo nível de segurança. Em relação à volatilidade, que pode ser basicamente explicada como o nível de variação da rentabilidade ao longo do tempo, há uma possibilidade maior de aceitar uma volatilidade grande, ou seja, um risco grande. Isso acontece por ser um investimento de longo prazo. São essas algumas opções que você pode procurar enquanto ajuda a criança a ter um entendimento de educação financeira.

DICA IMPORTANTE

É claro que não deixaria fora uma dica importante. Um instrumento muito utilizado nesse momento da vida financeira é o fundo de previdência com tributação progressiva. Os fundos de previdência são ótimos instrumentos para o longo prazo e de olho na sucessão. Além disso, aqueles no modelo PGBL (falaremos sobre isso mais à frente) permitem uma elisão fiscal de até 12% da renda tributável por ano.

Nesse caso, no entanto, o benefício é outro. Com o fundo de previdência, você cumprirá todos os requisitos que citei e pode ter um grande benefício no momento de utilização. Se o dinheiro investido mensalmente for utilizado para a faculdade, por exemplo, é possível que a criança (que já não vai ser mais criança) faça os saques sem precisar pagar imposto. Isso acontecerá se ela não tiver outra renda e se os resgates ficarem dentro do limite de isenção — valor que é atualizado anualmente pela Receita Federal. Em 2022, quando escrevo este livro, o valor de isenção anual é R$ 28.559,70. Nesse cenário, o dinheiro será utilizado sem a necessidade de deixar um pedaço para o Leão. Tudo dentro da lei.

Aproveitar o benefício é importante. Afinal, eles estão aí e precisamos conhecer as possibilidades. Porém, mais importante ainda é permitir que a criança cresça tendo o conhecimento das possibilidades e responsabilidades com o dinheiro. Esse ensino, que começa lá na infância, dever ser constante e com evolução à medida que o entendimento melhora, inclusive com o acompanhamento da rentabilidade dos investimentos a partir da adolescência. Não como uma obrigação, mas como um ensinamento.

Formar cidadãos que saibam lidar bem com o dinheiro é um bem que pais e mães podem deixar para seus filhos.

Você tem filhos ou sobrinhos? É tutor de alguma criança? Vale uma pausa nesse momento. Pega o caderno, celular ou computador para definir quais serão os primeiros passos com eles. É do time da mesada? Sem problema. Como sugestão, falo para não entregar apenas uma vez por mês, divida os valores por semana. Fica mais fácil para a criança administrar e entender. Além disso, se quer incentivar uma boa relação com o dinheiro, faça acordos do tipo "se dos R$ 10 que te entrego por semana, você tiver ainda R$ 4 no dia marcado, te entrego R$ 2 a mais". Será como uma rentabilidade pela disciplina de conter o impulso e guardar o dinheiro.

São ajustes que podem ser feitos para melhorar a relação e fazer com que a criança entenda, ainda cedo, como pode lidar com o dinheiro.

Trace um plano, converse com a criança e volte para cá. Espero você aqui.

SEGUNDO MOMENTO

Uma experiência bem vivida no primeiro momento da vida financeira vai fazer com que se chegue à fase dos 20 anos com o que pode ser considerado o melhor cenário possível: a consciência do que fazer com a primeira renda (caso já não tenha tido que trabalhar antes) e bem encaminhado nas questões de poupança e nos efeitos dos juros compostos.

Com a consciência inicial, já é possível entender os efeitos das escolhas e como organizar os planos de vida. Isso permitirá uma preparação melhor durante a vida acadêmica antes de ingressar de vez no mundo profissional. Claro que esses critérios são para as pessoas que podem seguir o fluxo que deveria ser o normal entre estudar, se capacitar (seja numa faculdade ou num curso profissionalizante) e depois trabalhar. Infelizmente a realidade do país não permite que as condições sejam as mesmas para todas as pessoas, mas é preciso tomar um cenário como base.

Diante disso, o cenário utilizado aqui é aquele que deveria ser o ideal, o que pode ser considerado o mais saudável a ser seguido. Há casos e casos, é verdade. Não tendo você a possibilidade de ter essa sequência, a melhor forma de amenizar a situação é adaptar os estágios de cada momento para a sua realidade.

Essa segunda fase, em que a pessoa começa a acumular seu próprio patrimônio, geralmente acontece entre a década dos 20 aos 30 anos. Em alguns casos mais cedo, em outros um pouco mais tarde. O cenário base leva em consideração aquela pessoa que ainda vive na casa dos pais e não tem tantos compromissos financeiros.

Na realidade, muitos precisam começar a ganhar o próprio dinheiro antes dos 20 anos para poder ajudar em casa. Isso acontece demais, o que acaba atrapalhando também os estudos e, com isso, comprometendo toda a evolução profissional e financeira.

Contudo, voltando ao cenário considerado ideal, com as primeiras receitas, devem vir também as primeiras responsabilidades. Pode até não existir a obrigação de pagar contas, mas é saudável que se comece a ajudar nas despesas em casa, seja por ação dos pais, seja por iniciativa própria. Isso permite a criação da responsabilidade financeira, dando mais valor ao dinheiro que recebe.

É uma contribuição que não deve acabar com o salário, o que vai permitir que o acúmulo patrimonial seja maior nesse momento. Ter essa condição e não aproveitar é um golpe no eu futuro. Esse é, provavelmente, o momento da vida em que a capacidade de poupança é maior. Por capacidade de poupança, entenda a diferença entre aquilo que se ganha e o que se gasta.

FAZER O BOLO CRESCER

Com o aprendizado do primeiro momento bem-sucedido, é hora de começar a fazer o dinheiro trabalhar para você. Não é aquela mágica que vendem por aí de se tornar milionário da noite pro dia ou de deixar de fazer o que te dá prazer hoje para acumular o primeiro milhão em um ano. Tampouco é algo a ser feito ignorando as diferentes realidades das regiões e classes sociais do Brasil.

Nessa etapa da vida, quem teve a reserva montada na infância pode seguir aumentando o bolo. Usando ou não como uma forma de bancar os gastos iniciais (como citei no caso de uma faculdade particular), o bolo está lá formado e pode crescer mais à medida que os aportes se juntam a ele.

Apesar do destaque sobre a possibilidade de incrementar os investimentos, talvez a grande lição dessa época não seja essa. O ensinamento fundamental nesse período vem da outra ponta: os gastos. Ele pode levar uma vantagem por toda a vida. Trata-se de iniciar a vida com a filosofia de manter o custo abaixo da possibilidade de receita.

Quando falo isso, não digo o básico de gastar menos do que ganha. Essa é a regra 0, e todo mundo sabe, mas nem sempre é fácil colocar em prática. O que defendo é a manutenção do estilo de vida sempre um ou dois degraus abaixo do que a renda permite. É difícil, afinal, queremos ganhar dinheiro para ter uma vida tranquila e nos dar conforto. Uma vez iniciado esse processo, é dificílimo mudar.

Se você começa gastando tudo o que ganha, reduzir é mais complicado. Sendo bem sincero, reduzir os gastos não é natural. Buscamos ganhar mais para poder gastar mais, viver bem, ter prazer e tranquilidade. Não queremos dar esse passo atrás, mas ele é necessário muitas vezes.

São muitos os experimentos que nos mostram que a dor da perda é maior que a alegria do ganho. Em *Misbehaving,* Richard Thaler comentou um desses teste e chegou à conclusão de que perder gera uma sensação três vezes maior que ganhar algo. Isso é refletido na hora de economizar. A alegria por conseguir ter um pacote de tv a cabo maior, ter mudado o celular, fazer parte de um clube ou qualquer outro ponto que você considere positivo tem seu sentimento de tristeza potencializado quando você pensa em cortar aquilo. É muito mais difícil abrir mão.

Por isso digo que esse ensinamento é a virada de chave nessa etapa da vida. Se você começa sua vida financeira própria tendo isso em mente, é mais fácil manter durante o passar dos anos, mesmo à medida que os salários vão aumentando.

COMO VOCÊ VIVE?

No caso da relação renda x estilo de vida, temos três possibilidades:

a. Viver exatamente de acordo com nossa renda, ou seja, ter um estilo de vida gastando todo o salário que recebe;
b. Viver acima do que a renda nos dá, ou seja, terminar o mês com dívida e, assim, seguir mês após mês;
c. Viver abaixo do que a renda permite, ou seja, gastar menos do que ganhamos ao longo do mês.

Na primeira opção, vivemos sempre zerando o saldo ao final do mês. Gastamos todos os centavos que recebemos, o que não nos dá nenhuma margem para surpresas ou adoção de novos projetos. O salário chega ao fim com o final do mês.

Não é, de fato, o pior dos cenários, já que, ao menos, todas as contas são pagas, não se gera dívida, não gera problema, mas pode gerar dor de cabeça. Um carro quebrado, uma compra necessária a mais, algo que saia do controle e... já foi. Lá vem a dívida, lá vem o descontrole no orçamento. Não há margem para novos planos nem para emergências.

No segundo caso, a dor de cabeça começa a cada novo mês. Se o estilo de vida custa mais do que as receitas, a margem de manobra foi perdida há muito tempo. É uma bola de neve. O que era uma dívida pequena em um mês, tendo o ritmo mantido, se torna em uma dívida descontrolada ao final de um ano.

Isso acontece porque o saldo negativo de um mês é levado para o seguinte. Se as contas já não fecham, imagina quando se acumula o que não foi pago do mês anterior? Viver acima do que a renda permite é um dos maiores problemas que temos financeiramente.

E aí vem a terceira possibilidade, que, na verdade, é um grande desafio. É um desafio, pois vivemos em uma sociedade que preza muito pela aparência, pela posse. Vale mais parecer que tem dinheiro do que ter dinheiro de fato. Além disso, quando evoluímos em relação ao conforto que conseguimos proporcionar, dificilmente damos um passo atrás.

Por isso, o ideal é fazer esse processo desde o início da vida financeira. Nem sempre é possível, é verdade, mas quem tem condições deve optar por assim fazer. Se ganha R$ 4 mil, tenta viver como se ganhar R$ 3.500, por exemplo. Claro que respeitando o mínimo necessário para um estilo de vida tranquilo sem grandes punições.

Esse processo deve ser seguido à medida que a renda aumenta. É uma forma de se disciplinar e adequar o psicológico para manter o costume.

Qual o grande benefício disso?

Primeiro, a tranquilidade de saber que as contas estão pagas e com possibilidade de fazer uma extravagância vez ou outra. Inclusive de antecipar planos, criar planos ou atingir os objetivos de maneira mais rápida.

Segundo, tem algo tão importante quanto, que fica fácil de ser percebido em momentos de inflação elevada. Com o estilo de vida abaixo do que a renda permite, a inflação demora mais para forçar uma mudança nos hábitos. Você vai perceber a inflação, é verdade. Ela é cruel e mostra as caras, mas, ainda assim, conseguirá manter o que costuma fazer.

O aumento do custo de vida, provocado pela inflação, fará com que sobre menos em relação ao que sobraria em tempos normais, mas tudo estará pago. Você só será forçado a mudar seu estilo de vida se a inflação sair do controle e persistir na subida durante meses. Ainda assim, haverá um prazo maior para fazer ajustes, avaliar possibilidades e evitar que seja algo traumatizante.

Ter um estilo de vida abaixo do que a renda permite é um favor que você faz para seu eu presente e o seu eu futuro. Dará tranquilidade mês após mês, evitará ser pego de surpresa com gastos inesperados, além de não impactar imediatamente o estilo de vida em decorrência da inflação. Tudo isso, sem deixar de planejar seu futuro.

Por isso, a importância de iniciar a vida com esse pensamento. É uma forma de moldar os hábitos e o cérebro para viver dessa forma. Torna-se menos doloroso e muito mais vantajoso para o longo prazo.

Isso fará com que o patrimônio seja montado de maneira mais tranquila e sem sobressaltos. Por outro lado, ver o acúmulo financeiro pode induzir a compras que vão comprometê-lo significativamente. Um exemplo é adotar essa estratégia, ter um estilo de vida bom, mas abaixo do que poderia; acumular um valor significativo e gastar tudo de vez para a compra de um carro. Depois repetir o processo e comprar um apartamento. Repetir tudo mais uma vez e trocar de carro... E assim por diante.

A questão não é o bem comprado, mas o processo para a compra. Se ela acontece sem planejamento, apenas utilizando aquilo que foi acumulado, a ideia foge um pouco do caminho porque, a cada grande compra, o patrimônio financeiro é zerado, e você tem que iniciar todo o processo novamente. Ao começar do zero, perde-se o efeito dos juros compostos, perde-se a reserva financeira, perde-se o colchão que poderia lhe aproximar a tão sonhada fase do "viver de renda".

O apartamento, o carro, a troca do carro, ou qualquer outro bem material, deve fazer parte da vida e dos objetivos, mas devem ser feitos de maneira programada. Zerar o patrimônio financeiro de uma vez nem sempre é o melhor caminho para isso. Falaremos dessas possibilidades mais para frente; por enquanto, fica a lição para esse segundo momento da vida financeira: ter um estilo de vida abaixo daquele que sua renda permite.

TERCEIRO MOMENTO

Esse comportamento no segundo estágio, que podemos chamar de fase de acumulação, fará com que se chegue à terceira década de vida com um cenário mais tranquilo em relação ao dinheiro. Nesse ponto, o ideal nos daria o acúmulo da primeira grande parte do bolo financeiro que servirá como suporte no restante da vida. Além disso, com os ensinamentos feitos na infância, ficará claro que, mais importante do que qualquer tipo de rentabilidade, é a frequência dos aportes nos investimentos.

Seguindo todos os passos com disciplina, e sempre adequando à realidade de cada um, a pessoa terá, aos 30 anos, ao menos, metade deles como investidor. Duvida? Supondo que os pais conseguiram organizar o lado financeiro somente quando o filho chegou aos 15 anos e que, a partir dos 20, conseguiu manter o estilo de vida abaixo das receitas, serão 15 anos de investimentos, e o efeito maravilhoso dos juros compostos.

JUROS COMPOSTOS

A magia dos juros compostos se dá exatamente pelo tempo. Nele, o rendimento será sempre em cima de todo o valor investido, não somente sobre o aporte. A cada mês, os juros são calculados em cima do que foi investido e dos rendimentos anteriores. Por isso, em termos substanciais, o valor do rendimento é sempre crescente. No começo pode parecer que nada anda, que é muito devagar, que não faz muito sentido; mas investir é também um trabalho de teimosia. Pode até demorar, mas, com disciplina, a virada de chave vem. E, quando chega, o salto é fabuloso.

Caso chegue aos 30 com 15 anos investindo religiosamente todo mês R$ 100, o saldo acumulado será de R$ 31.110,47, sendo que R$ 18 mil de valor investido. O restante será de juros. Como dá para ver no gráfico a seguir, a curva dos juros começa estável, quase sem mudança em relação à linha dos valores investidos. Porém, em determinado momento, ela dá um salto e segue vertiginosamente para cima. Por isso, digo que começar a investir é um processo de disciplina e teimosia. Mantenha-se fiel e ignore os retornos iniciais, foque apenas a disciplina. Em certo ponto, a teimosia valerá a pena.

Figura 1 – Evolução de valores poupados para a aposentadoria

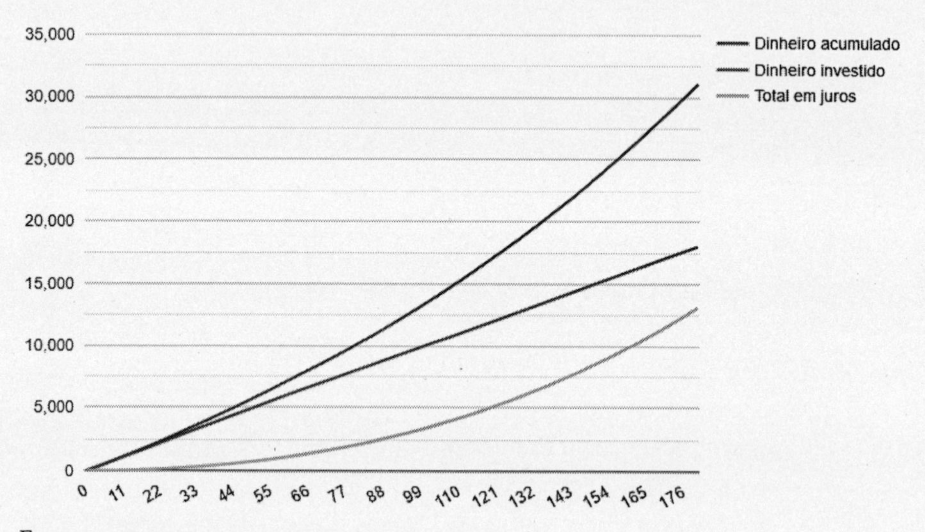

Fonte: o autor

Nesse exemplo, a pessoa mantém a constância nos investimentos de R$ 100 mensais. Porém, como vimos na etapa anterior, à medida que você aumenta a renda, mas segue com o estilo de vida abaixo do que poderia ser, a capacidade de investimento aumenta. E a renda final também.

RENTABILIZAR O PATRIMÔNIO

Assim chegamos ao terceiro momento em relação à nossa jornada financeira ao longo da vida. Essa fase teoricamente engloba dos 30 aos 45 anos. Mais uma vez, não é um número fixo, apenas uma região que levo em consideração para avaliar os cenários. Cada realidade cobra suas necessidades e oferece suas recompensas.

Se chegar a esse momento com um bom valor acumulado, será a hora de rentabilizar o patrimônio. Geralmente, é nesse período da vida que temos a solidez profissional, com o amadurecimento no trabalho que permite maiores ganhos em relação ao salário. Além disso, é comum que a formação da família já tenha sido iniciada ou esteja prestes a acontecer. Por isso, a tendência é aumentar as despesas, o que pode ocorrer de maneira paralela ao aumento das receitas, tranquilizando assim a equação mensal.

Na realidade brasileira, manter 100% desse guia não é nada fácil, mas a missão aqui é passar o melhor cenário possível para que você organize de acordo com sua realidade. Tentando, a todo instante, chegar o mais perto do ideal.

Nesse momento, com a formação da família e o aumento da renda, a maior tentação é aumentar as despesas. É natural. Ganha mais, pode gastar mais. Foram anos de disciplina para manter o estilo de vida abaixo do que realmente é possível. É aí, mais uma vez, que o ensinamento da juventude faz efeito.

MANTER A DISCIPLINA

É nesse estágio que estão Roberto e Alice, aquele casal do início do capítulo. Estão cumprindo bem o aprendizado. Eles sabem que é necessário manter o custo de vida abaixo do que ganham, que é importante ter o controle. Mesmo que, vez ou outra, apareçam tentações para fugir um pouquinho da linha, a disciplina é uma constante na vida do casal, que sabe seguir o plano, mas não exagera na rigidez.

Por mais que a tentação para aumentar os gastos seja forte, estará internalizada a importância de se manter fiel ao planejamento. Não será algo como cumprir a orientação de alguém, uma dica da internet, uma receita para ficar rico. Manter o estilo de vida será o entendimento do que é correto a ser feito, logo se torna uma tarefa não muito penosa.

Há outro ponto que pode ajudar a manter o plano ao longo do tempo. A vida não é só de sacrifícios e regulagem para não gastar muito. O que sempre defendo é que o dinheiro foi feito para gastar, mas gastar com inteligência. A intenção de manter o estilo de vida abaixo das receitas é uma proteção, não um voto de pobreza. À medida que consegue se manter na linha e realizar objetivos, é interessante estipular recompensas pelo trabalho bem-feito.

As metas podem ser financeiras, como atingir R$ 50 mil, R$ 100 mil, R$ 200 mil, R$ 500 mil. As recompensas devem estar de acordo com a realidade. Primeiro um jantar, depois um fim de semana em uma casa de praia, uma viagem para um estado que gostaria de conhecer, um cruzeiro marítimo, uma ida para o exterior. A cada nova etapa, a recompensa se torna ainda mais prazerosa.

De um lado, você mostra ao dinheiro quem é que manda em quem, que você não é um escravo que vive apenas na missão de acumular capital, mas que usa o capital para o que quer. De outro, vai proporcionar a você e a sua família momentos inesquecíveis graças à disciplina de vocês. Isso reforçará a importância do que está sendo feito e, psicologicamente, terá um retorno positivo, aumentando a força para seguir no plano.

QUARTO MOMENTO

Se formos avaliar rigorosamente, o terceiro momento pode ser estendido dos 30 aos 60 anos, mas gosto de separar em duas etapas para facilitar o entendimento e ajudar na compreensão dos fatos. Logo, o quarto momento pode ser considerado a segunda fase da rentabilização do patrimônio; agora com uma maturidade maior, comprometimento e definição mais clara do que será da vida.

Além de manter a rentabilização com a possível renda maior em relação ao início da vida financeira, é hora de consolidar o patrimônio. Sem grandes aventuras, nada do risco de colocar tudo a perder, mas o pensamento em preservar e ainda fazer o bolo crescer um pouco mais.

No lado laboral, é o momento em que geralmente o ponto algo da carreira é alcançado. Assim como nas finanças, a ideia é consolidação da carreira, afinal, a tendência é que haja uma diminuição na força física e mental, o que pode forçar uma diminuição do ritmo de trabalho ao longo do tempo.

UM CONCEITO NOVO

Esse é o momento final para que seja acumulado o patrimônio que dará a tranquilidade ao longo da aposentadoria. Por falar nela, é algo importante a se refletir. Em termos de história da humanidade, o conceito de aposentadoria é novo. A expectativa de vida fez uma trajetória ascendente ao longo dos séculos. Dos 30 anos na Idade Média para os 70 atuais. No Brasil, de acordo com o Instituto Brasileiro de Geografia e Estatística (IBGE), a expectativa de vida superou os 76 anos ao final de 2021. Na década de 1940, estava em torno dos 45 anos.

Logo, os entendimentos, as necessidades e as possibilidades na aposentadoria são relativamente novos. É um novo mundo que vamos descobrindo aos poucos. Se levarmos em consideração a última reforma da previdência, a idade mínima para pedir aposentadoria no Instituto Nacional do Seguro Social (INSS) é de 62 anos para mulheres e 65 para os homens. Há alguns anos, a expectativa de vida após a aposentadoria não era muito grande; agora, ao menos, mais uma década. É comum e esperado que os brasileiros vivam cada vez mais e, assim, tenham mais necessidades após o início a aposentadoria.

O que seria essa aposentadoria para você? Aquela imagem do aposentado que todo dia vai para a praça do bairro jogar dama, ficar no bar ou na frente de casa jogando conversa fora está cada vez mais rara. As pessoas estão cada vez mais ativas durante a aposentadoria. Tem diminuído também o conceito de trabalhar alucinadamente durante 20, 30 anos e aproveitar somente quando se aposentar.

O conceito de aposentadoria tem sofrido uma modificação importante. Cada vez mais, as pessoas têm evitado essa separação entre trabalhar e aproveitar a vida. O aumento da expectativa de vida, as melhores condições de saúde e a mudança nos ofícios têm propiciado uma expansão da vida ativa. Dessa forma, o trabalhar e o aproveitar convivem lado a lado. Não existe mais aquele marco temporal de finalizar um e começar o outro.

As mudanças em relação à aposentadoria não param por aí. As reformas trabalhistas levam os brasileiros a um maior tempo na ativa, e a precariedade de muitas profissões contribui ainda mais com o sofrimento. Somada a esses dois pontos, está a ausência de um planejamento com o foco no último estágio da vida. Esse combo faz com que muitos brasileiros sejam obrigados a se manter em alguma profissão, mesmo com a possibilidade de aposentar ou até mesmo após conseguir a aposentadoria. A queda brusca na renda força a continuidade do trabalho até o total esgotamento físico.

No polo oposto a esse cenário, estão aqueles que tiveram o privilégio de um bom emprego, educação financeira e comprometimento ao longo da vida para se planejar de maneira satisfatória. Esses têm total condição de fazer como os aposentados que nos acostumamos a ver há alguns anos: largar tudo e ir jogar dominó na praça; mas não o fazem. Não é por necessidade, pela obrigatoriedade de complementar a renda, mas por vontade. Muitas pessoas continuam na ativa por interesse próprio, para manter a mente funcionando, para se sentir útil. Porém, há uma diferença crucial: é pela vontade delas, não pela necessidade.

Esse planejamento precisa ser feito lá no segundo momento da vida financeira, quando as receitas começam a ganhar corpo, e seguido ao longo de toda a vida. Não é algo para se preocupar somente quando a idade da aposentadoria se aproxima. Aí, como diz o ditado, o leite já está derramado. O quarto momento, aqueles anos finais antes do início da aposentadoria, é para que os retoques finais sejam feitos. De preferência, que ajustes para cima aconteçam, como a possibilidade de ter uma renda maior ou de aproveitar mais.

Nos cenários em que a conta não bate para o que deseja (falaremos mais sobre isso pela frente), há o tempo final da vida laboral para buscar aproximar a meta. São apenas os ajustes pré-aposentadoria. Não é hora de fazer no ritmo de 100 metros rasos o que deveria ter sido construído em uma maratona de décadas. Planejar a aposentadoria é assunto sério demais para se deixar para o último momento, que é exatamente quando fica cada vez mais complicado acumular grandes recursos.

Com a idade avançada, é mais provável ser demitido do que conseguir um novo emprego, não há mais espaço para riscos elevados nos investimentos, diminui a capacidade física, aumentam os problemas de saúde. Não é a hora de trabalhar como se estivesse no segundo momento da vida financeira para poder acumular em cinco ou dez anos aquilo que não conseguiu em três ou quatro décadas.

QUINTO MOMENTO

Eis então que chega a última fase da vida financeira. Pode-se dizer que é a hora do ajuste de contas. Na realidade brasileira, são poucas as pessoas que têm a tranquilidade a partir daqui. São privilegiados aqueles que, assim como João e Jaqueline, lá do início do capítulo, podem aproveitar a vida e ter as experiências que sempre quiseram, com tranquilidade e as contas pagas.

Privilegiados porque são poucos os brasileiros que têm ou tiveram a condição e a consciência de se prepararem ao longo da vida profissional. Privilegiados, mas não errados nem dignos de julgamento por isso. O fato de terem conseguido se planejar não faz com que essas pessoas sejam passíveis de críticas ou mereçam ser desdenhadas. Esse comportamento nada mais é do que mais uma forma do preconceito em relação ao dinheiro, que falamos lá atrás.

Que mais e mais pessoas possam chegar a esse momento da vida com tudo equilibrado e estruturado para aproveitar o que construíram ao longo de décadas! Caminhos para mudar essa realidade foram mostrados até aqui e serão aprofundados nas próximas páginas. O objetivo não é desmerecer quem consegue, mas dar o conhecimento necessário para que outras pessoas possam fazer o mesmo. Digo conhecimento porque as ferramentas não são tão abundantes assim, e são bem desiguais no país. Porém, acredito que o conhecimento pode ajudar a trilhar um caminho diferente.

Com a "sorte" de ter tido uma educação financeira enquanto jovem e as condições de bons empregos, João e Jaqueline agora se dão ao luxo de conhecer restaurantes, viajar por aí, não se preocupar demais em cortar o lazer por causa da conta. Claro que tudo dentro do limite do razoável. Conseguem manter o estilo de vida que tinham antes de aproveitar. Só que agora sem a obrigação de trabalhar de segunda a sexta (e em alguns fins de semana também).

A LIBERDADE ESPERADA

Você pode não ter percebido ou não ter dado muita importância, mas a palavra-chave do parágrafo anterior foi "**obrigação**". Essa deve ser a grande mudança ao ingressar nesse quinto momento da vida financeira. Não ter mais a obrigação de fazer nada. Há quem pense em se aposentar e colocar as pernas para cima, passar o resto dos dias em uma casa de praia. Pode? Pode, sem problema nenhum. Não sei se terá a mesma disposição durante anos e anos não fazendo nada.

A virada aqui não é não fazer mais nada, mas não ter a obrigação. Poder falar sim ou não quando quiser, por livre e espontânea vontade. É saber que as contas serão pagas pelo patrimônio que foi montado ao longo da vida, mas que você pode aceitar a oferta de um emprego por querer se manter ativo. No entanto, se bate aquela vontade de passar um mês viajando, joga tudo para cima e vai aproveitar a vida. Afinal, as contas estarão pagas.

Para ter essa tranquilidade é preciso fazer bem-feito o dever de casa ao longo da vida. Antes de migrar para esse momento, é preciso formatar bem o patrimônio para garantir a preservação do que foi conquistado. Uma política de investimentos bem definida, gestão de ativos consciente com a política de risco e tributária bem elaborada para ser seguida à risca e, assim, evitar surpresas negativas na época de apenas viver sem maiores preocupações. Já bastam as questões de saúde que podem surgir vez ou outra.

Na preservação do patrimônio, o foco deve estar em buscar a rentabilidade acima da inflação, afinal, as receitas precisam acompanhar a evolução das despesas. Aliado a isso, colocar em prática as estratégias do planejamento sucessório, que podem incluir *holdings*, uma previdência ou um seguro de vida. São pontos específicos e individuais que devem ser feitos considerando a situação de cada pessoa. Não é uma receita de bolo que todo mundo pode fazer da mesma forma para ter o mesmo resultado.

Não é a hora de correr riscos, eles devem ser minimizados ou eliminados. O fator especulativo fica longe daqui. Preservação é a palavra da vez.

A idade média para entrar nesse quinto momento é 60 anos. Você pode se assustar e lembrar que a última reforma previdenciária aumentou a idade mínima e que novas reformas devem vir para elevar ainda mais o sarrafo. É verdade, mas quem consegue se planejar nesse sentido não depende exclusivamente da previdência pública para se aposentar.

Esse é o verdadeiro sentido da propagada "liberdade financeira". Não gosto muito desse termo nos moldes como ele é vendido por aí. Não se trata de parar de trabalhar aos 30 anos, mas de ter aquele poder do não e do sim. Atingir a liberdade financeira é ter o patrimônio do valor que responde à pergunta do título deste livro: "De quanto você precisa?".

Ter noção desse valor é fundamental ao longo de toda a sua vida. Não precisa acertar os centavos, mas é bom ter a noção geral do que será necessário para pagar suas contas, para organizar sua vida. Tudo dentro desse conceito de ter a liberdade financeira no melhor sentido possível. Você pode atingir o valor dessa resposta aos 30, 35, 40, 50, 60 anos. Não importa. Você pode ter essa condição mais cedo ou mais tarde, como pode não chegar lá. Porém, ao menos, tendo a consciência do que é necessário, terá passado por uma trajetória com convicção do que estava fazendo.

UMA PEQUENA PAUSA

As próximas páginas ajudarão você na trajetória. Não me importo com o destino. Espero, é verdade, que o destino seja o montante que deseja para ter tranquilidade, porém mais importante do que ele é o caminho até lá. Reorganizar seu orçamento, tomar melhores decisões financeiras, entender cada etapa da vida, não ser vítima fácil de golpes ou propostas nadas vantajosas. Se você passar a lidar com o dinheiro de maneira mais tranquila e inteligente, terá valido a pena todo este livro. Você terá capacidade de, o mínimo que seja, mudar sua vida e propagar esse conhecimento para os próximos.

Quero propor um respiro aqui. Deixa um pouco o livro de lado e volta para as anotações, seja no celular, no computador ou no caderninho. Agora que falei sobre as etapas do dinheiro em nossa vida, gostaria que você avaliasse seu cenário.

- Em qual estágio você está?
- Está à frente ou atrás do que falei?
- Como pode encaminhar para que as próximas fases sejam mais tranquilas?

Desejo que faça isso antes de virar a página. Pode estranhar por não fazer ideia de como colocar tudo isso em prática, mas, confie, é de propósito.

Que as próximas páginas ajudem ainda mais nesse caminho!

FINANÇAS PESSOAIS

No primeiro emprego que tive, os pagamentos eram feitos de maneira quinzenal e em uma salinha da empresa. Na verdade, era para ser um estágio, afinal estava ainda na faculdade de jornalismo, mas era quase um profissional mesmo. Era um jornal de Salvador, que já teve seus dias de glória, mas que conseguia sobreviver. Uma grande escola.

Voltando aos pagamentos, os salários eram pagos de forma quinzenal na boca do caixa. Um grande risco, é verdade. De 15 em 15 dias, todos os funcionários saíam com parte dos salários nas bolsas e mochilas. Na época, eu tinha apenas uma conta universitária em um banco, que não costumava utilizar. Morava com meus pais, não tinha muitas contas a pagar e ainda não havia me interessado a fundo em relação às finanças pessoais — apesar de na família todos falarem que eu era cuidadoso com o dinheiro, uma forma educada de me chamarem de mão de vaca.

Ajudava em algumas contas na casa, nada demais. O principal compromisso era pagar a parcela de um dos carros. Meu pai ficava com um carro, e eu dividia o outro com minha mãe. Saíamos juntos de casa, e ela me deixava na faculdade. No final da manhã, quando acabava a aula, ia até o trabalho dela de ônibus para pegar o carro e seguir para o trabalho à tarde. Como o trabalho dela era perto de casa, ela voltava de ônibus ao final do expediente, que era de um turno só. Como eu só voltava para casa tarde da noite, ficava com o carro, até porque o acesso de ônibus onde morávamos não era tão fácil saindo do outro lado da cidade.

Com o carro dividido, assumi a parcela dele, que no final, era maior do que a prestação da faculdade. Era a única despesa fixa que tinha (fora a alimentação no dia a dia e a gasolina). Como recebia o dinheiro em espécie, costumava pagar o boleto da prestação do carro em uma agência lotérica. Sim, parece coisa de outro mundo.

Na época, recebia em torno de R$ 1.700. Geralmente a empresa dividia o pagamento em R$ 700 ou R$ 800 no meio do mês e o restante até o quinto dia útil do mês seguinte. A quinzena era sempre menor. A prestação do carro era de quase R$ 800. Ou seja, a quinzena ia embora somente com a prestação do carro. A outra parte era o que sobrava para o dia a dia. Pouco, é verdade, mas para um jovem de menos de 20 anos, morando na casa dos pais, era mais do que suficiente.

Como só tinha uma conta universitária, que não usava muito, e as agências do banco não eram fáceis de ir, eu usava o dinheiro em espécie para tudo. Sequer depositava o salário que recebia. Você, leitor, vai rir bastante agora e pode até achar um absurdo que um planejador financeiro tenha feito isso, mas é a vida como ela é. Ainda bem que evoluímos, não é?

Pois bem, por comodismo, meu banco ficava em minha casa, mais especificamente em meu quarto. Mais específico ainda: na gaveta das cuecas.

Era lá que deixava o salário. Não tinha extrato, não tinha cartão, não tinha planilha, não tinha aplicativo. Nada. Tinha o dinheiro lá, e a mente controlando quanto eu ainda tinha em minha "cueca-corrente". Funcionou perfeitamente bem para mim. O dinheiro não acabava antes da hora, não tinha que pedir emprestado, fazia o que tinha que fazer com o que tinha ao lado das cuecas e ainda conseguia economizar – foi nessa época que comprei meu primeiro livro sobre investimento em ações.

Funcionou tão bem que juntei dinheiro e troquei de carro usando a poupança da gaveta das cuecas. Óbvio que, se tivesse utilizado algum produto financeiro, teria um retorno melhor e poderia ter comprado o carro em um prazo menor. Aliás, se tivesse a profundidade de educação financeira, poderia nem ter comprado um carro novo, mas feito outros planos. O fato é que meu próprio sistema financeiro funcionou muito bem na gaveta de cuecas, até o dia que minha mãe descobriu que tinha um banco em casa. Vez ou outra, ela ia no caixa para sacar um dinheirinho.

Já como planejador financeiro, uma das clientes mais complicadas que tive, digo isso em termos de resolução dos problemas, não em termos de relacionamento, era completamente organizada financeiramente. Chamarei de Roberta. Ela tinha um bom emprego, salário em torno de R$ 20 mil e atuava na área financeira da empresa onde estava empregada. Leram bem? Na área financeira.

Divorciada, Roberta morava com a filha em um apartamento alugado. Lembro que, no segundo mês do planejamento, ela completou 50 anos de vida. A frase para me falar que comemoraria o aniversário foi: "Sei que está complicado, mas só faço 50 uma vez, é algo emblemático. Vou alugar uma lancha e fazer um passeio com minhas amigas. Eu mereço isso".

Roberta cuidava com um primor incrível das finanças da empresa. A rotina e o hábito no emprego de controlar todo o lado financeiro foram levados para o pessoal. Tinha uma planilha com mais de cinco abas diferentes. A receita, todas as despesas, as dívidas, os prazos. Tudo bem anotado.

E mais: em cada aba, Roberta fazia um cenário diferente do que poderia acontecer. Se quitasse uma dívida antes do prazo, lá estava o cenário pronto com o resultado ao final do ano. Se pegasse um empréstimo para unificar todas as dívidas, mais um cenário bem detalhado com tudo anotado.

Foi a cliente que tive até agora com o maior detalhamento prévio das finanças. Detalhamento e projeções. Estava tudo lá bem explicado e colocado no Excel. A planilha entregava todos os números que ela precisava, mas eles ficavam apenas lá. Assim como foi a cliente mais organizada em termos de ter anotado todos os dados financeiros, foi também a com o maior grau de endividamento que tive.

O fato de ter uma planilha própria, que ela estava familiarizada e preenchia de maneira correta não foi o suficiente para a vida financeira estivesse bem. A renda em torno de R$ 20 mil não era suficiente para Roberta e a filha. Na lista de dívidas, empréstimos com bancos, cartão de crédito no rotativo, empréstimo com uma conhecida e outro com o pai. Por incrível que pareça, estava tudo lá anotado, inclusive com cenários mostrando o que poderia ser feito para eliminá-los.

Nada funcionava.

Por outro lado, uma das minhas primeiras clientes iniciou o trabalho de planejamento financeiro quando tinha 28 anos. Vou chamá-la de Gabriela. Funcionária pública concursada, emprego estável e um salário perto dos R$ 20 mil. Um patamar um pouco abaixo da que a cliente anterior tinha. Jovem, morava sozinha, não tinha dependentes. Servidora pública na Bahia, era de Brasília, onde os pais continuavam vivendo. Eles se revezavam nas visitas de vez em quando.

Gabriela era solteira quando iniciou o planejamento. Estávamos em plena pandemia, mas ela já havia dito que não saía muito, não costumava gastar muito dinheiro. Isso, inclusive, foi tema de alguns encontros que tivemos, quando eu dizia a ela que tinha que aproveitar o dinheiro, precisava gastar mais, aproveitar a vida. Porém, voltando ao que falava: antes ou durante a pandemia, Gabriela conseguia viver bem abaixo do que a receita que tinha. Dos quase R$ 20 mil que ganhava, era raro ter menos de R$ 5 mil por mês para investir.

Esse era o costume dela antes mesmo de iniciar o planejamento. Quando começamos o trabalho, Gabriela estava perto de chegar ao primeiro milhão investido. O patrimônio não estava diversificado, não estava com objetivos definidos, não estava bem protegido, mas existia. E cresceu ainda mais durante o planejamento.

Ao ouvir a história de Gabriela e receber os dados de seu patrimônio, fiquei impressionado e bem feliz. No decorrer da conversa, conhecendo um pouco mais sobre ela, perguntei sobre a gestão mensal. Como fazia o controle durante o mês, planilha, aplicativo, caderninho.

Se ajeite na cadeira antes da resposta:

"Nenhum, Raphael. Eu vou passando o mês, usando o dinheiro e investindo a outra parte, mas não faço nenhuma anotação".

Bum!

Lembro que na época fiquei impressionado com a informação. Ainda tinha na cabeça que, para uma pessoa ter o controle das finanças, era preciso ter tudo muito bem-organizado, preenchido e anotado. Afinal, as planilhas não pipocam por aí à toa, não é? Gabriela, porém, não precisou de nada disso. Aliás, continuou sem precisar durante o planejamento financeiro. Até tentamos fazer com que ela criasse esse hábito, mas não adiantou. Foram alguns meses de testes em planilhas e aplicativos; ela começava, anotava, mas deixava de lado.

Nunca teve problema durante o mês por gastar demais.

NÃO TEM RECEITA PRONTA

Contei aqui três histórias diferentes, de pessoas diferentes, com relações diferentes com o dinheiro. Fiz questão também de mostrar momentos distintos da vida. Há quem guarde o dinheiro em casa (desculpa, mas esse era eu no começo da vida financeira), há quem planilhe tudo, e há quem não tenha nada anotado. Não é a forma como controla (ou não) as despesas e receitas que vai indicar sucesso ou fracasso, mas o comportamento financeiro.

Esses exemplos estão aí para ajudar a quebrar o mito de que é necessário ter uma planilha grudada em você e preencher tudo a todo instante. Do troco do ônibus ao jantar romântico do fim de semana. Não é essa receita pronta que vai transformar sua relação financeira, que vai fazer com que sobre mais ou com que a dívida diminua.

Não é uma receita de bolo. Vai na internet, pesquisa uma planilha, encontra a que acha mais bonita, começa a preencher, espera 15 dias no forno e... vida financeira resolvida. Quem dera que fosse assim!

ANOTAR E ENTENDER

A questão não é preencher a todo instante a planilha, o caderninho ou o aplicativo. Passa muito pelo que acontece após o preenchimento. Estudar, entender e agir. Por isso, em muitos casos, o preenchimento sequer precisa ser como uma obsessão. Mais importante do que ter tudo ali na tela ou no papel, é ter a visão maior, entender o que entra e o que sai da conta. Como são seus gastos, de onde vem sua receita. Preocupe-se menos em anotar tudo a cada gasto que faz e mais em ter uma imagem clara de sua vida financeira.

Esse entendimento é o que fará a diferença. Lembre-se do meu exemplo ou do de Fernanda. O que nos fazia ter um mês tranquilo era saber o que e como gastar, mesmo que para isso não fosse necessário ter algo onde controlar tudo centavo por centavo. Era a visão geral das finanças, saber o quanto ganha e até onde pode ir com os gastos, entender quando e como segurar algumas despesas para poder realizar um ou outro objetivo. Para que isso, não é imprescindível uma planilha ou algo do tipo. Algumas pessoas vão precisar desse controle, outras não.

Em outros casos, como aconteceu com Roberta, as planilhas tão bem elaboradas não resolvam muita coisa. Mesmo com tudo anotado, ela não conseguia ter essa visão clara que falei. Na verdade, tinha o efeito contrário. A cada vez que abria o arquivo e se deparava com os números vermelhos, ficava ainda mais desesperada. Gastava mais, anotava os gastos, olhava melhor o arquivo e aumentava o desespero; e assim repetia o ciclo.

Para ela, a planilha tinha um impacto dúbio. Ao mesmo tempo que precisava das anotações para se sentir psicologicamente no controle de tudo, saber que estava piorando suas dívidas a cada dia lhe deixava aflita. Um ciclo que se retroalimentava na ilusão de que os caminhos se abririam de uma hora para outra.

Esses foram apenas alguns exemplos de como as finanças pessoais são, como o nome diz, pessoais. Não há como fazer uma fórmula mágica que sirva para todas as pessoas, que possa se encaixar em todas as situações. Os números são interessantes e sinceros, mas não estão sozinhos quando o assunto é dinheiro. Deixa de ser uma ciência exata e passa a conviver no campo das relações humanas.

DINHEIRO É COMPORTAMENTO

Lidar com o dinheiro é muito mais psicológico do que matemático. É mais comportamental, mais emoção do que razão. É isso que precisamos ter em mente quando tratamos desse assunto. Não digo para tirar toda a decisão do racional, esquecer-se de fazer as contas. Não é isso. É unir os dois campos para que a decisão seja a melhor possível para cada pessoa. Que você consiga enxergar os benefícios e os prejuízos de uma decisão, como financiar um imóvel, por exemplo, e, a partir desse ponto, possa aliar ao seu emocional para tomar a melhor decisão PARA VOCÊ.

O ponto aqui é o indivíduo. Não há uma melhor ou a decisão certa que deve ser tomada a todo instante. Quando se trata de finanças, não existe esse jeito padrão de se comportar. Matematicamente, é verdade, conseguimos entender o que é bom, mais ou menos ou nos dará prejuízo. Porém, quando aliamos ao lado psicológico, conseguimos as melhores decisões para cada pessoa; e o que pode ser bom para mim não será necessariamente para você.

É preciso entender e respeitar esse ponto. Se eu compro um carro, e você prefere fazer uma assinatura, não quer dizer que um está certo e o outro, errado. A não ser que as decisões tenham sido tomadas sem estudo e sem conhecimento. Considerando os cenários avaliados, não há como dizer que eu errei e você acertou somente pelo retorno financeiro — falarei mais sobre os aspectos a considerar nessa hipótese do carro ainda neste capítulo.

Isso precisa ser entendido quando você vai opinar sobre a decisão que alguém tomou, mas também — e ainda mais importante — para aceitar suas próprias escolhas. É comum ver e ouvir pessoas se gabando das escolhas que fizeram e desdenhando das outras. Se você compra um apartamento, verá inúmeros vídeos e diversos amigos fazendo pouco caso do que fez e tentando mostrar por A + B que errou em sua escolha. Se decidiu financiar avaliando todos os campos possíveis (como mostrarei mais para frente), você pode até não ter tomado a decisão matemática mais favorável, mas, com certeza, decidiu da forma que seria melhor para você. E é isso o que importa, não o que os outros acham que deve fazer.

Essas ponderações têm de ser feitas em todos os campos financeiros. Desde a forma como acompanhamos nosso dia a dia com o dinheiro até as grandes decisões, como a compra de um imóvel. Não é à toa que esses cenários estão dentro do campo de **finanças pessoais**. São pessoais, individuais.

Na sequência deste capítulo, falarei de alguns temas ligados às finanças pessoais que podem ou que geram os conflitos. Desde o entendimento do orçamento até as decisões de investimento. Falarei sobre cartão de crédito, dívidas, decisões financeiras e, claro, compra ou aluguel de imóvel.

A IMPORTÂNCIA DO ORÇAMENTO

Confesso que fiquei receoso de escrever o começo deste capítulo, mas senti que era necessário. O medo estava na impressão que poderia passar a defesa de que preencher a planilha não é o que vai mudar a vida financeira. E mais: que muitas pessoas podem não precisar desse método e, ainda assim, ter as finanças muito bem-organizadas, que é o que acontece.

Defender isso não significa fazer pouco caso do orçamento. O orçamento é fundamental para qualquer pessoa, mas ele não vai, necessariamente, ter aquele formato bonito com as despesas listadas dede o papel higiênico do mercado até a carne do churrasco no fim de semana.

O orçamento pode ser entendido como algo mais amplo. Ele pode ser feito com a planilha, o aplicativo ou o caderninho para anotar as receitas e despesas, é verdade, mas pode não ser tão detalhado assim.

A importância de ter um orçamento é conseguir enxergar qual o caminho do dinheiro em sua vida, e isso pode ser feito tendo a visão de quanto se gasta em cada área, anotando o total dos gastos em casa, combustível, mercado etc., ou fazendo algo mais detalhado, o que podemos chamar de fluxo de caixa — explico um pouco mais à frente.

Com o orçamento, conseguimos ter noção dos gastos e por onde caminhar para diminuí-los. Não se trata de cortar o cafezinho; não serão as pequenas despesas que vão resolver sua vida. Além disso, precisamos dos pequenos prazeres para viver. Não se trata de cortar tudo, mas de gastar de maneira inteligente. Isso é o que a visão clara do seu orçamento pessoal vai permitir: tomar ou deixar de tomar o cafezinho não por querer cortar todos os gastos, mas com a convicção do que sabe que está fazendo.

O ORÇAMENTO É MUTÁVEL

Para chegar a esse ponto, não dá para abrir mão do orçamento, seja ele minucioso ou mais amplo. Porém, há um momento em que ele se torna um fardo e atrapalha as finanças: quando é levado ao pé da letra a todo instante.

O orçamento, por essência, é mutável, deve refletir as mudanças, os percalços e os ajustes de caminho ao longo do mês. Um erro comum é tratá-lo como algo imutável. É um atalho para dores de cabeça com o dinheiro.

Isso acontece muito com as pessoas que definem um orçamento prévio e fazem a chamada contabilidade mental. Acontece mais do que imaginamos e vem desde os ensinamentos de nossos avós. Em algumas famílias, é comum lembrar de história de quem guardava o dinheiro em envelopes para serem gastos ao longo do mês. Assim que recebia o salário, a divisão era imediata: alimentação, mercado, conta de energia, conta do telefone e por aí vai. Antigamente, quando o acesso aos bancos não era tão fácil, essa era uma prática bem comum. Com a popularização dos bancos, esses envelopes passaram a ser mentais. Daí o nome contabilidade mental.

Antes de começar o mês, você já tem separado quanto de cada parte do salário vai para cada área de sua vida. Ter essa divisão (mental ou anotada em algum lugar) é muito bom, pois dá um norte e permite entender claramente o que tem acontecido com o dinheiro ao longo do mês. Claro que nem todo mundo consegue funcionar assim, mas quem tem esse costume tem a possibilidade de enxergar o orçamento mensal de maneira clara e detalhada o suficiente para entender bem as finanças pessoais.

Onde está o problema então?

Está na rigidez. Lembra que falei que quem utiliza esse modelo tem o costume de separar a receita por partes. Quando se enxerga os envelopes como algo incomunicável entre eles, aí vem a dor de cabeça. Um exemplo de uma pessoa que ganha R$ 3,5 mil, mora sozinha e divide seu orçamento da seguinte maneira:

- R$ 1,2 mil para aluguel e condomínio;
- R$ 1 mil para contas da casa (energia, água, internet e TV);
- R$ 800 para mercado;
- R$ 200 para transporte;
- R$ 300 para lazer.

Os R$ 3,5 mil estão completamente comprometidos nesse cenário — se formos levar tudo a ferro e fogo, faltam alguns itens, no entanto a intenção aqui não é replicar um orçamento perfeito, mas fazer você entender o ponto em questão. Essa pessoa consegue se virar bem ao longo dos meses e, vez ou outra, tem até uma sobra ao final do mês; mas, em determinado momento, há um aumento na conta de energia, que faz o segundo item subir para R$ 1,2 mil. Além disso, a inflação aumentou e fez o mercado subir para R$ 1 mil. Ou seja, são R$ 400 a mais de gastos.

Quem enxerga os envelopes como algo incomunicável fica paralisado nesse cenário. O que fazer agora que já gastou os R$ 800 de mercado no mês, mas falta uma semana para o mês terminar, e não tem mais nada em casa para fazer comida? Jejuar por sete dias por que o envelope está vazio?

Sim, é um exemplo exagerado, mas foi proposital para mostrar quão absurdo é enxergar o orçamento como algo imutável. Nesses momentos, as pessoas deixam de viver ou se afundam em dívidas por não ter o molejo necessário para fazer os ajustes que o orçamento sugere.

O mercado foi R$ 200 mais caro no mês e a energia subiu? Bem, como o dinheiro é finito, ou seja, terá os mesmos R$ 3,5 mil de todo mês, a única coisa a ser feita no primeiro momento é movimentar o dinheiro entre os envelopes. Segura um pouco do lazer, busca alternativa no transporte, negocia redução nos planos de TV, internet e telefone. É preciso entender que o orçamento é flexível e precisa estar aberto a mudanças ao longo do mês.

O dinheiro, ao final, é um só. São R$ 3,5 mil para passar o mês. Não existe um carimbo que impeça o dinheiro do envelope lazer ser utilizado para pagar as compras do mercado. É seu dinheiro, não do lazer. Ele deve estar ali para atender às suas necessidades.

Separar o dinheiro em envelopes, sejam mentais ou reais, é uma boa forma de ter essa visão do orçamento, pois facilita e permite uma maior tranquilidade ao logo do mês. Porém, muito cuidado para não encarar essa divisão como um oceano de lava, em que um lado não pode se aproximar do outro.

DEPENDE. DE NOVO

Entendido esse ponto, o normal é que você esteja se perguntando qual seria a melhor maneira de dividir seu salário.

Desculpa decepcionar, mas não existe essa tal "melhor forma". Como já deve ter percebido com a leitura até aqui, sou adepto do "depende", e esse é mais um caso em que o depende é protagonista. A melhor maneira para equilibrar seu orçamento vai depender da sua realidade, do seu estilo de vida, das suas particularidades.

Por isso, é tão complicado falar que você deve fazer a divisão das receitas de forma A, B ou C. Seriam modelos prontos que o levariam a enxergá-los como engessados, no estilo: ou segue o que está proposto ou está fazendo errado. E não é bem assim. Essa abordagem, na verdade, teria o efeito contrário, geraria uma frustração por não conseguir fazer o que foi sugerido e, como consequência, abandonaria o plano.

Algo que costuma funcionar muito bem é mudar a perspectiva inicial. Em vez de chegar com um modelo pronto para você adaptar em seu orçamento, ciar um modelo que se adapte à sua vida. Ele será personalizado e caberá sob medida em seu estilo de vida. Claro que, nesse ponto, é preciso ser realista e bem rígido com as premissas que colocará no papel.

PEGA PAPEL E CANETA

O primeiro passo para criar esse modelo é separar a(s) receita(s). Com o valor que entra em sua conta no mês, você parte para a segunda etapa: destinar cada centavo que entra. Como assim? É simples. Utilizando o mesmo exemplo que citei anteriormente com o salário de R$ 3,5 mil, pega um papel, abre um arquivo no computador e vai endereçando esse dinheiro a cada parte de sua vida.

Os mais detalhistas vão querer separar minuciosamente cada centavo:

Item	Valor
Energia	
Financiamento/Aluguel	
Supermercado	
Transporte	
Combustível	
Farmácia	
Plano de saúde	
...	

Por aí vai!

Quem não é muito afeito aos detalhes pode fazer algo mais amplo:

Item	Valor
Casa	
Carro	
Educação	
Saúde	
...	

O grau de detalhamento não é o mais importante nesse momento. O que interessa é entender o cenário macro, como estão suas despesas em relação à sua receita. Consegue encaixar o que precisa para manter o estilo de vida dentro do que ganha? É preciso lembrar que o dinheiro é finito. Se recebe R$ 3,5 mil, precisa manter o teto de gastos nesse valor. Gastar mais é se enrolar em dívidas.

Não deveria nem precisar reforçar o entendimento de que o dinheiro é finito, mas, em tempos de facilidades financeiras, do crédito disponível na palma da mão, é importante lembrar isso a todo instante. Principalmente para aquelas pessoas que não conseguem se controlar em relação aos gastos. O valor disponível no cheque especial de sua conta corrente não faz parte de suas receitas. É caro. Custa muito.

Esse exercício de destinar as receitas para o que vai gastar ao longo do mês ajuda bastante a entender que o dinheiro acaba, que tem um limite mensal a ser utilizado. É um grande aliado de quem não tem a visão clara das finanças, de quem não consegue entender como o salário está escorrendo pelas mãos e, ao final, sobra mês e falta dinheiro.

Para entender de fato, é preciso fazer a destinação antes de o mês iniciar, acompanhar durante as semanas para saber se está dentro do planejado e, ao final do mês, conferir se tudo ocorreu como o esperado. Nos casos inesperados, fazer os ajustes necessários. Mais para um lado, menos para o outro, gasta mais aqui, gasta menos ali e mantém as despesas se encaixando com as receitas.

Um segundo passo nesse processo é classificar, em termos de prioridades, os gastos. Depois que o salário foi todo destinado para as despesas, faz uma ordem de quais são as prioridades naquele mês. Importante dizer aqui que não há qualquer tipo de julgamento nesse exercício. Se jantar fora é mais importante do que pagar o plano do telefone, é um critério de cada um. Pode ser que a pessoa consiga viver com a linha cortada e se comunicando apenas utilizando o Wi-Fi dos restaurantes que vai jantar. Acontece.

Então, sem julgamento, você elenca quais são os gastos prioritários para sua vida. Do mais importante, geralmente aqueles que estão ligados à sobrevivência, para os não tão fundamentais assim.

Essa classificação vai fazer a diferença em duas frentes. De um lado, você vai gastar em alguns itens sem aquele peso na consciência. Se separou R$ 100 para compras pessoais, está tudo dentro do planejado, ao longo do mês, e decide comprar uma sandália por R$ 80; por mais que seja um valor alto para o que vai comprar, o peso não será tão grande na consciência. Dificilmente você sairá da loja com aquele pensamento que nos acompanha muitas vezes: "Não deveria ter gastado esse dinheiro nisso aqui".

Se deveria, na verdade, é você quem vai responder; mas poderia. Estava dentro do estimado, as finanças estão controladas, e você tinha a possibilidade de escolher comprar ou não sem interferir no restante do mês. Isso é muito importante. Gastar sem culpa melhora nosso psicológico e nos permite pequenos mimos ao longo do mês.

Além disso, há outro fator que a classificação beneficia. Se, por acaso, você estiver em um daqueles meses em que a conta não fecha, em que o estipulado em um ou mais setores do orçamento já foi estourado, o que precisa ser feito é remanejar os custos, não é? Afinal, o dinheiro é finito. Quando elencamos, em termos de prioridade, nossos custos, é mais fácil deixar de gastar naqueles que estão lá embaixo em relação às prioridades.

Essas duas etapas formam um método que considero adaptável a cada pessoa. A divisão das despesas vai ficar dentro de sua realidade, e quem vai dizer se é muito ou pouco é você. Se perceber que está disponibilizando muito para uma área, pode reduzir no mês seguinte. É um processo que vai sendo montado com o tempo e no formato de tentativa e erro, até que encontre o cenário ideal que vai refletir o estilo de vida que deseja ter. Sem nada engessado, sem nada pronto. Suas finanças refletindo seu estilo de vida. É o que devemos procurar, não uma receita que funcionou para uma pessoa, mas que para você pode não fazer sentido algum.

O 50-30-20

Você pode ser o caso de uma pessoa que não tem a mínima noção do quanto estipular em cada área para seus gastos. É normal, não se envergonhe disso; uma sugestão é observar seus últimos três meses. Pode fazer uma média deles. Contudo, se os meses foram bagunçados, se acha que não está legal como estava e prefere começar o zero, não tem problema; é até bom dar uma resetada de vez em quando. E tem um método que pode ajudar nisso: é o 50-30-20.

Ele é uma opção para organizar o orçamento de maneira prática e direta; mas, por se tratar de uma regra básica, deve ser pensada dessa forma, como um ponto de partida, não como uma lei a ser seguida sem qualquer tipo de questionamento. Por isso, o cito somente aqui, depois de explicar a maneira como acho mais confortável.

Pelo modelo, as despesas são separadas em três classes: necessidades, desejos pessoais e poupança/dívidas. A partir daí vem a divisão: 50% para necessidades, 30% para desejos pessoais e 20% para poupança e pagamento de dívidas.

Nas necessidades estão os gastos essenciais para viver. São aquelas despesas que precisamos honrar para garantir a subsistência. Devem estar aí os custos de moradia, alimentação, transporte e outros. Em relação aos gastos pessoais, podemos considerar os bens de consumo e serviços que não estão entre os essenciais. assinaturas, mimos e demais itens que compõem nosso estilo de vida. Por fim, o pagamento das dívidas existentes (que não devem superar 20% do orçamento) e um plano para montar a reserva de emergência e se planejar para a aposentadoria, por exemplo.

O modelo é simples e prático, mas as finanças não são uma ciência fechada. Por não considerar as particularidades de cada pessoa, os desejos, as diferentes realidades, acredito que ele pode ser um bom ponto de partida para começar a organizar a vida financeira, mas não uma regra fixa.

De uma forma ou de outra, é importante que você tenha essa visão do seu orçamento. Como disse, nem sempre é necessário preencher a planilha dia a dia, todos os meses, a todo instante, mas é necessário enxergar o macro, ter noção do que é possível e do que não pode. Por isso, ao menos uma vez por ano, é bom repetir o exercício e enxergar o cenário.

Ter esse orçamento é como se libertar das amarras financeiras; conseguir planejar o dia a dia, avaliar despesas, consumo e necessidades. É por meio dele que você vai conseguir se preparar para o que terá pela frente no dia a dia.

FLUXO DE CAIXA

Em alguns casos, o exercício resolve, e o orçamento fica bem estruturado. Você destina sua renda, classifica as despesas e consegue ter bem claro o que está por vir. Em outros, geralmente para quem tem mais dificuldade de lidar com as finanças, é preciso um esforço maior. Esse esforço passa pelo fluxo de caixa.

Quem já investe ou quem tem um negócio deve estar mais familiarizado com a expressão. Muito comum em empresas, mas pouco aplicado em nosso dia a dia. O hábito de realizá-lo e estudá-lo pode proporcionar maior segurança em relação ao dinheiro. Além disso, permite saber quais projetos ou desejos pode realizar, em quanto tempo ou o que precisa para que eles saiam do papel.

O fluxo de caixa pode fazer com que você passe a ter maior conhecimento e controle sobre seu dinheiro. É por isso que as empresas o fazem, assim elas têm discernimento dos valores que entram e que saem, além de saber para onde vão. Isso permite que sejam elaborados projetos e projeções dos investimentos possíveis ou de quando será necessário ter um recurso extra.

O primeiro passo para que o fluxo de caixa seja realizado é ter o acompanhamento das receitas e despesas. Não há um método certo de fazer; o mais comum é o uso das planilhas de Excel. Nada impede, no entanto, que isso seja feito por meio de aplicativos de controle ou até mesmo no velho caderninho. O importante é ter esse controle bem-feito.

Além de anotar tudo, é necessário revisar essa lista periodicamente, por mais penoso que isso seja. Podemos encarar que o fluxo de caixa seja uma extensão do orçamento pessoal. A realização do orçamento é imprescindível para que você tenha qualquer atitude financeira. É o primeiro passo que deve ser dado, seja sua intenção apenas ter um controle ou o interesse de começar a investir.

O orçamento precisa ser preenchido com disciplina e sinceridade. O melhor cenário é o preenchimento diário porque assim ele se torna mais fiel à realidade. As receitas nos dias em que entram — na maioria dos casos, apenas uma vez por vez —, e as despesas quando forem realizadas.

Esse é o cenário ideal, mas nem sempre é possível. Além da correria do dia a dia, há o fator humano. Fazer esse preenchimento é uma tarefa chata para a maioria das pessoas. Além da disciplina de anotar tudo, envolve um fator psicológico que afeta principalmente o começo desse trabalho: encarar a realidade.

Ao preenchermos a planilha (aqui leia o que você preferir utilizar) passamos a ter a verdadeira noção do que acontece com nosso dinheiro. Quem não tinha ideia do tamanho do ralo financeiro, se assusta. A primeira reação, como um ato de preservação do cérebro, é rejeitar e parar de fazer o acompanhamento. Vença essa primeira etapa.

Com o fluxo de caixa detalhado, você terá noção clara de suas receitas e despesas, além de conhecer os grupos e categorias que são mais e menos custosos. Na linha final, verá se sobra algo das receitas e, em caso positivo, quanto.

Com isso bem anotado, não basta apenas preencher e conferir os dados, mas entender o que eles querem dizer e, com a mensagem atual, poder projetar o recado que você receberá lá na frente.

A magia do fluxo de caixa acontece quando você passa a estudar o que realizou. Os números têm muito a dizer quando estão em uma planilha. No primeiro momento, o retrato do presente. Quanto gastou, onde gastou, como gastou. Quanto recebeu, de onde recebeu, em quais prazos recebeu.

Essas variáveis podem e devem ser analisadas isoladamente para, em um segundo momento, serem alinhadas lado a lado. Aí vem: sobrou ou faltou? Tem sobrado mais ou menos ao longo dos meses? Esse comportamento se repete ou é uma curva? Essa curva de tendência é prejudicial ou benéfica?

Como exemplo para essas últimas respostas, podemos ter uma pessoa que tem tido um déficit financeiro no presente, ou seja, falta dinheiro para quitar os compromissos, mas, ao longo dos meses, a situação tende a se controlar até passar a ter uma poupança. Logo, essa é uma curva benéfica, financeiramente falando.

Entender essa sequência faz parte do fluxo de caixa. Com isso, você pode saber o que precisar ser feito para passar a acumular uma poupança mensal e qual o grau de crescimento dessa poupança. Quanto mais vai sobrar a cada mês. Falarei mais sobre os possíveis cenários um pouco mais à frente.

Isso mostra que o desespero atual pode ser aliviado em breve. As parcelas que deixam o orçamento negativo vão acabar e permitir o respiro. O aperto é momentâneo.

Como é no seu caso? Já fez esse exercício?

É importante ressaltar que, para a elaboração do fluxo de caixa, é preciso ter consciência da inflação. As receitas e despesas vão acompanhar a variação? Geralmente, sim. Esse ponto é fundamental para que as projeções possam ser feitas com maior assertividade.

A partir do momento que você tem essa curva financeira elaborada, é possível fazer o fluxo de caixa projetado. Lembrando, obviamente, que é preciso identificar as despesas fixas que estarão lá ano após ano, como IPVA e IPTU, assim você consegue ter uma projeção do quanto terá de custo e receita daqui a um ano, dois anos, três anos.

Esse valor não será um valor definitivo e certo, mas uma projeção. Inclusive, vai ser de grande ajuda se você encarar os números e buscar, uma vez por ano, formas de reduzi-los. Periodicamente, renegocie os planos de consumo de telefone e internet, por exemplo. Normalmente você vai conseguir reduzir o que paga com os mesmos benefícios em planos-família ou vai conseguir mais benefícios pagando o mesmo.

Assim como renegociar dívidas, crie o hábito de revisar o orçamento de maneira constante. Entender se tem cumprido aquilo que planejou, onde tem ido bem, onde tem falhado, quais pontos precisam de maior atenção. É um trabalho de longo prazo e que merece ter os ajustes à medida que a vida vai evoluindo.

O orçamento é algo mutável e deve acompanhar suas mudanças. Com o entendimento que ele pode passar por ajustes, mas respeitando que o dinheiro é finito, dificilmente você vai se enrolar. Seja preenchendo uma planilha todos os dias ou não. Desde que você tenha o conhecimento de sua vida financeira, é você que estará no comando. Não deixe esse posto escapar.

SITUAÇÕES DE VIDA

Há pouco falei sobre os cenários que podem ser encontrados ao realizar o fluxo de caixa. São três possibilidades, não tem como fugir: 0 a 0, quando receitas e despesas se casam no limite; deficitário, quando as despesas estão acima das receitas, e superavitário, quando você ganha mais do que gasta. O sonho a ser perseguido.

Para entender mais cada um dos cenários e o que fazer em cada situação, com benefícios e situações de alerta em cada um deles, vou detalhar na sequência as possibilidades. Leia com atenção para entender onde você se encaixa e o que pode fazer para mudar a realidade.

DEVEDOR

Essa talvez seja a situação mais comum entre os brasileiros, por isso será a primeira a ser explicada, com toda a atenção possível. A realidade devedora é daquela pessoa que ganha menos do que gasta ou que gasta mais do que ganha. Pode parecer a mesma coisa, mas nesse caso, a ordem dos fatores altera o produto.

Ganhar menos do que se gasta pode ser muito diferente de **gastar mais do que se ganha**. Explico.

Na primeira situação, temos que ter em mente a realidade financeira dos brasileiros em relação ao nível salarial. No momento em que escrevo esta parte do livro, o Cadastro Geral de Empregados e Desempregados (Novo Caged) mostra um salário médio de admissão em R$ 1.872,07. O salário-mínimo, em 2022, é de R$ 1.212,00.

A diferença não é grande, assim como não é o salário em relação às necessidades para viver, ainda mais considerando que a inflação dos últimos 12 meses, neste momento, está em 11,30%. Isso significa que o custo da cesta de produtos levada em conta para medir o Índice de Preços ao Consumidor Amplo (IPCA) subiu 11,30%. O IPCA é considerado a inflação oficial do país, mas não significa que todas as pessoas vão sentir o impacto dos preços da mesma forma. Ele mede a variação do custo de vida médio de famílias com renda mensal de um e 40 salários-mínimos.

Porém, como sabemos, existem as particularidades. Meu padrão de consumo pode não ser o mesmo da média da população. Assim como os produtos e serviços que você costuma consumir podem ser diferentes da cesta utilizada pelo IBGE para medir o IPCA. Dessa forma, nossa inflação pessoal pode ser maior ou menor que o IPCA.

Essas mudanças de consumo podem se dar por hábitos, por religião ou por imposição da saúde, como pessoas com restrições alimentares, que precisam comer produtos específicos e que, geralmente, são mais caros. Além disso, há uma diferença em relação à renda mensal. Famílias mais pobres sentem o peso da inflação de forma diferente em relação às famílias com renda maior. Isso acontece porque o impacto da variação de preços dos alimentos tem peso maior no orçamento de quem ganha menos. Quem ganha mais costuma consumir mais bens e serviços, o que acaba diminuindo o impacto de cada item no orçamento da família e, por consequência, o peso da variação dos preços. Nas famílias de renda menor, cerca de 30% do orçamento está ligado à alimentação, enquanto nas famílias mais ricas, esse número cai para 10%.

Isso faz com que quem ganha menos sofra mais com a inflação. Se, de um ano para o outro, a variação do salário for menor que o IPCA, significa que a pessoa perdeu poder de compra. Na outra ponta, se o salário subiu mais do que a variação do IPCA, a pessoa teve um ganho real de um ano para o outro.

Essa explicação sobre a inflação é necessária para reforçar a diferença entre ganhar menos do que gasta e gastar mais do que ganha. Continuando a abordagem sobre o primeiro caso, com a renda baixa e o peso da inflação maior, é complicado honrar até mesmo os gastos mais básicos para sobreviver, como casa, energia, alimentação e saúde. Não dá, nesse caso, para sugerir qualquer tipo de economia para essa pessoa. Como cortar o que já não tem?

Esse é o raciocínio por trás do ganhar menos do que gasta. Para essas pessoas, em que a renda quase não dá para garantir a sobrevivência, não é a educação financeira que vai resolver. Ela será necessária para ajudar nas decisões, criar uma consciência financeira, evitar que caia em golpes, mas a mudança de cenário não se dará unicamente pela educação financeira. No cenário em que a realidade impõe rendas tão baixas, a forma de mudar a situação passa pelo aumento da receita, o que não é nada fácil.

Isso é diferente de quem gasta mais do que ganha.

Esse é o caso daquelas pessoas que têm uma renda boa, que poderiam se organizar, mas, ainda assim, teimam em sofrer com as finanças mês após mês. São muitos os fatores que levam a esse ponto, mas todos podem ser trabalhados e conversados para uma resolução. Não pense você que terminar o mês com os gastos superiores aos ganhos é uma exclusividade de quem ganha pouco. Há casos e mais casos de quem ganha acima de dois dígitos e está atolado em dívidas. Aliás, você se lembra do exemplo de Roberta lá no começo do capítulo, não é?

Para essas pessoas, a reorganização financeira faz efeito. E muito. Todo mundo precisa da educação financeira para entender melhor a relação com a finanças, saber os impactos das decisões com o dinheiro e lidar melhor, permitindo assim realizar objetivos e sonhos. Para quem ganha menos do que gasta, o entendimento por si só não resolve. Infelizmente, se é que podemos dizer assim, a saída passa por melhorar a renda mensal. Para quem gasta mais do que ganha, não. Com a educação financeira, o cenário começa a ser alterado, e a realização do fluxo de caixa e do orçamento ajuda bastante nisso.

MÃOS À OBRA

Agora que entendemos a diferença nas possibilidades de quem tem o mês maior do que o salário, vamos para alguns detalhes que podem fazer a diferença na hora de tentar equiparar os pontos.

Se, ao realizar aquele exercício do orçamento, você perceber que os gastos estão acima das receitas, faça o segundo passo, classifique as despesas por prioridade e comece a buscar reduzi-las de baixo para cima. É uma maneira de reduzir o que gasta, equilibrar o orçamento e cortar, o mínimo possível, naqueles itens que você considera mais importantes.

Faça isso o quanto antes. Uma sequência de meses no negativo vira uma bola de neve. As dívidas de um mês serão repassadas para o seguinte, mas, como a conta já não fecha, as dívidas do primeiro mês serão somadas às dívidas do segundo, do terceiro, do quarto, do quinto... todas com o acúmulo dos juros. Aí o buraco vai parecer não ter mais fim.

Evite as dívidas a todo custo. Se não chegou a esse ponto crítico, um freio de arrumação é sempre importante. Pare, organize e busque o respiro necessário para mudar a situação. Não espere o melhor momento para fazer isso. Faça imediatamente.

Contudo, se a situação já está naquele túnel onde você não enxerga saída, calma! Vou te ajudar agora.

Essa é uma conversa muito importante se você está em situação de dívida ou conhece alguém nesse cenário. Se tem dívida, ela tem que ser sua prioridade. Eu me refiro nesse momento à inadimplência, não ao endividamento medido pelo crédito. Há uma diferença importante nesse caso. Se você tem um cartão de crédito e usa para pagar tudo (ou quase tudo) de olho na estratégia de pontos, você está acumulando uma dívida, já que usa o crédito para pagar a conta. Se você divide as compras por não ter desconto no pagamento à vista, é mais uma dívida. Não me refiro a essas dívidas programadas, que estão dentro do planejado. O mesmo em relação a financiamentos de imóvel ou automóvel. Claro que é importante diminuir ou eliminar qualquer tipo de dívida, mas a atenção aqui está para um outro estágio.

É o endividamento que leva à inadimplência, à falta do pagamento, ao acúmulo de contas em aberto em casa. Água, gás, telefone, cartão de crédito, uso do cheque especial de forma constante... São essas dívidas, com juros crescentes e sufocantes, que merecem toda atenção neste momento.

Vejo muitas pessoas nessa situação que fala em investir, se preocupa com qual investimento fazer, onde colocar o dinheiro. Em alguns casos, é verdade, dá para fazer um trabalho conjunto de pensar na aposentadoria e sanar as dívidas. No geral, no entanto, não pense nisso. Primeiro elimine os juros de sua vida. Limpe seu nome, honre seus compromissos.

Geralmente, a taxa de juros das dívidas será maior do que o retorno que você vai conseguir com os investimentos. Logo, não faz sentido gastar sua energia para ganhar 10% ao ano em um investimento se, do outro lado, o saldo devedor sobe a mais de 50% ao ano.

Está nessa situação? Vamos começar a resolver. A primeira coisa com que deve se preocupar é conhecer e reconhecer o que deve. Faça um levantamento, junte as dívidas e tenha a noção exata do quanto precisa pagar para acabar com as possíveis cobranças. Sem essa noção exata, fica mais complicado resolver a situação. Pode ir lá que espero aqui para continuar.

Se seu estágio for aquele que tem dívidas acumuladas nos mais diversos cantos, como cartão de crédito, consignado, empréstimo pessoal, cheque especial e por aí vai, uma boa saída, após fazer o levantamento total desse valor, é tentar unificar o saldo devedor. Em algumas situações, pode ser difícil por causa do nome sujo, mas, quando puder fazer, é o ideal. Nesse caso, você tem duas opções:

1. Somar os valores e buscar um empréstimo com juros menores para quitar todo o saldo devedor e ter apenas uma dívida;
2. Manter somente aquela dívida de juros menor. Ou seja, se deve ao cartão de crédito, empréstimo e cheque especial, avalia qual tem os juros menor, faz um novo crédito e quita as restantes. Assim, fica com uma única fonte de dívida.

Unificar as dívidas é uma forma de ter mais controle sobre o que está acontecendo, além de possibilitar manter o esforço em uma só direção. Porém, sabemos que a realidade não é tão simples assim. Não é tão fácil conseguir unificar as dívidas, seja pela dificuldade em ter acesso ao novo crédito — ou um crédito de valor maior —, seja pelo alto patamar que as dívidas podem estar.

Isso faz com que muitas pessoas tenham que escolher quais dívidas vão ser sanadas primeiro. Geralmente as orientações são para se livrar primeiro daquelas que têm os maiores juros. É racional e deve ser seguido na maior parte dos casos; assim, você consegue eliminar um crescimento mais acelerado do valor devido. Porém, faço um adendo aqui: além de se preocupar com os maiores juros, considere as dívidas que podem gerar um transtorno maior. Eu me refiro àquelas que podem lhe tirar os bens, como o caso de financiamentos.

A depender do patamar em que estiver, uma dívida pode fazer com que perca seu bem; nesse caso, pode ser o carro que você usa para trabalhar ou, até mesmo, sua residência, apesar de ser um pouco mais complicado, existe a chance. Então, além de avaliar aqueles juros maiores, preste atenção às dívidas que podem gerar um transtorno maior em sua vida.

Esse deve ser também um raciocínio na hora de renegociar as dívidas existentes. É uma saída possível para quem não consegue arcar com tudo e é bem plausível de acontecer com reduções significativas dos valores que precisam ser pagos.

Assim como em qualquer assunto ligado às dívidas, o primeiro passo para a renegociar é conhecer e assumir o valor devido. Isso significa mostrar o real interesse em quitar os débitos. Nada de querer demonstrar esperteza para ficar com o bem ou serviço sem pagar por ele. Se quiser uma renegociação justa, comece sendo justo.

O passo básico é saber o real tamanho do problema. É normal não querer colocar tudo no papel, não olhar o cenário inteiro. É uma fuga do cérebro para nos poupar do sofrimento. Esse é um dos motivos que tornam tão difícil preencher e acompanhar uma planilha financeira por tanto tempo. Ao vermos o que estamos gastando, a reação é fugir; afinal, o que os olhos não veem, o coração não sente. Logo, se não coloco no papel e não somo aqueles gastos, consigo empurrar com a barriga o problema financeiro. A questão é que uma hora a conta chega e, geralmente, ela vem antes do fim do mês.

Driblar essa "proteção" é um passo importante. Coloca tudo no papel, reconhece, encara o monstro de frente e parte para a renegociação. É duro, mas necessário.

FREIO DE ARRUMAÇÃO

Muitas pessoas repetem esses passos como ciclos da vida. Está bem financeiramente, gasta de maneira exagerada, acumula dívidas, entra em desespero, renegocia, paga tudo, sente alívio por estar bem financeiramente, gasta de maneira exagerada... não é raro encontrar casos assim. Nessa situação, o necessário vai além de um freio de arrumação, e um exercício que pode ajudar a centrar e organizar a vida financeira é tentar olhar o cenário de fora.

Lembra o caso de Roberta lá do início do capítulo? Salário em torno de R$ 20 mil, solteira, morava com a filha e coberta de dívidas. Planilhar receitas e despesas já não adiantava para ela. Estava tão mergulhada nos problemas que conseguia até ver os cenários, calcular as possibilidades, mas não encontrava nenhum tipo de saída na vida real. As dívidas a deixavam aprisionada.

Uma saída para momentos assim é dar um passo atrás e observar o cenário como se não fosse sua vida. Se estivesse naquele momento com tudo zerado, sem imóvel, sem carro, sem assinaturas, sem despesa nenhuma, mas com a mesma receita. O que falaria para ela fazer de diferente para manter as despesas dentro do limite razoável?

Geralmente, quando a situação é olhada como se fosse de outra pessoa, temos a tendência a encontrar saídas e boas dicas. Nesse caso, são dois pontos importantes. O primeiro é imaginar que o estilo de vida que o levou àquela situação não existe, ou seja, está tudo zerado. O segundo é imaginar como se não fosse sua vida, o que tira o efeito posse. Psicologicamente surte um bom efeito por não enxergar que está perdendo algo, não tem que abrir mão de alguma coisa que já tem. Como, em teoria, é para indicar para outra pessoa, você simplesmente dirá o que acha melhor ser feito, sem se importar com as manias e hábitos.

Depois disso, basta deixar de lado o emocional por um instante e agir com a razão, que você mesmo indicou, para resolver a situação financeira. Vai ser preciso um esforço, é verdade, mas, em nenhum momento, eu disse que seria fácil.

0 A 0

A segunda situação possível, ao avaliarmos o orçamento, é chegar àquele ponto em que as contas batem, não há dívidas, mas não sobra nada.

É o que podemos chamar de fechar o mês no 0 a 0. Quem vive dessa forma vive no limite. É uma corda bamba em que qualquer vacilo pode gerar uma dor de cabeça maior.

Não há como negar que ter o salário chegando ao final com o fim do mês é melhor do que estar com dívidas. Ao menos todas as contas são pagas, não se gera dívida, não gera problema, mas pode resultar em dor de cabeça. Não há nenhuma margem para surpresas ou adoção de novos projetos. Um carro quebrado, uma compra necessária a mais, algo que saia do controle e.... já foi. Lá vem a dívida, lá vem o descontrole no orçamento. Não há margem para novos planos nem para emergências.

Essa situação não é desesperadora, mas requer atenção; e a atenção deve refletir em jogar luz sobre o orçamento. Uma boa forma de fazer isso é repetindo o último exercício apresentado para os devedores: zerar tudo, imaginar as receitas sem o estilo de vida e pensar que vai dar a dica para algum conhecido.

Preciso ser honesto e jogar limpo com você, eu também não gosto de ter que reduzir minhas despesas. Uma coisa é fazer isso por não querer mais um serviço ou outro, outra bem diferente é ser forçado a abrir mão de algo que tem sido parte da rotina por ter que enquadrar as finanças. A sensação de perder dói bastante.

Contudo, é possível fazer esse exercício com o mínimo de impacto possível. Na teoria, resolver a situação do 0 a 0 é bem simples: ganhar mais ou reduzir as despesas. Porém, na prática, não é tão simples assim.

No dia a dia, aumentar as receitas não é algo corriqueiro. Não existe uma banca de "aumento salarial" em cada esquina. É fácil e bonito falar que deve aumentar sua renda, que só depende de você. Bonito, mas não realista. Dá sim para ter um incremento com a venda de algum serviço, um bico, a venda de alimentos na faculdade ou no trabalho, mas são questões pontuais e que, inclusive, demandam tempo e dedicação.

Repito: na teoria é lindo. Porém, vamos pensar o caso de uma pessoa casada, que tem um filho e que trabalhe oito horas por dia. Ela perde mais três horas no deslocamento entre a residência e o trabalho. Só nessa brincadeira lá se vão 11 horas. O recomendado é dormir entre sete e oito horas por dia, mas vamos supor que ela durma seis horas. Já são 17 horas do dia ocupadas. Faltam sete que devem ser ajustadas entre café da manhã, cuidar da saúde, relacionamento com o filho, relacionamento com o cônjuge, jantar e algum tipo de descanso.

É fácil incluir aí mais uma ou duas horas por dia para oferecer um serviço, produzir conteúdo, fazer algum tipo de doce ou salgado? Não, não é fácil. É possível? Sim, mas dificilmente será algo que vai perdurar. O desgaste físico e mental vai cobrar seu preço. Esse aumento de renda pode servir para projetos pontuais, com prazo definido, no entanto é cruel e irreal dizer que a pessoa depende apenas dela para ter um aumento de renda constante e seguro.

Diante disso, o melhor caminho para sair do 0 a 0 e ficar positivo é tentar rever as despesas. Aí, sim, depende quase exclusivamente de você — a não ser que já esteja com o estilo de vida mais reduzido possível, não tenha mais de onde cortar já que tem basicamente gastos essenciais para a sobrevivência. Esse é um caso em que é preciso buscar um emprego que pague mais. Sem floreios.

Nos outros casos, a opção é reduzir, o que também não é fácil. Buscamos ganhar mais para poder gastar mais, viver bem, ter prazer e tranquilidade. Não queremos dar esse passo atrás, mas, muitas vezes, ele é necessário.

Alguns passos, entretanto, podem facilitar o processo e permitir uma manobra mais tranquila no orçamento mensal. Aliás, o primeiro movimento para isso é ter um orçamento claro e de fácil entendimento. Se você não faz esse acompanhamento, se não anota receitas e despesas, fica difícil fazer qualquer tipo de ajustes, afinal, não sabemos de onde vem nem para onde vai o dinheiro. Como consertar um vazamento se sequer sabemos o ponto por onde a água escorre? Já falamos sobre isso, não é?

Primeiro ato: avaliação mensal

Mesmo que você não seja o tipo de pessoa que goste ou que vá precisar preencher a planilha para sempre, nesse momento ela vai ser importante. O fluxo de caixa colocará em sua frente o cenário completo de seu mês. Antes de mais nada, deve assegurar que as receitas estão maiores ou iguais às despesas. Esse é o básico.

Em caso positivo, seguiremos com os próximos passos. Caso negativo, volte para o começo do tópico anterior, quando falo sobre como evitar que esse déficit mensal se torne dívida crescente.

Segundo ato: determinar a base

Antes de pensar em fazer qualquer ajuste no orçamento mensal, é importante definir um valor base de despesas. São aqueles gastos que não vão deixar o orçamento, inegociáveis. Existem? Claro. São os gastos de que você não quer se desfazer forma alguma por serem ligados à subsistência.

Quando esses critérios são subjetivos, há espaço para caprichos. Por isso, precisa fazer com sinceridade para não incluir questões supérfluas como prioritárias, deve ser realista, também não há espaço para julgamento. Alguns itens serão comuns a quase todo mundo, como aluguel/financiamento, mercado e conta de energia, por exemplo, mas há espaço para individualidades.

O básico é que os gastos listados aqui sejam, de fato, indispensáveis para sua vida.

Quando finalizar, terá bem claro o valor base de despesas para começar os meses. É um valor que não tem como reduzir (ao menos nesse momento) e que não está disponível para outros planos. É importante saber isso.

Terceiro ato: gastos opcionais

Com os gastos indispensáveis definidos, inicie a classificação das outras despesas. Algumas são necessárias, outras são absolutamente supérfluas. Entenda os dois tipos e saiba separá-las. Mais uma vez, sem julgamentos.

Além de não julgar, é preciso muita sinceridade e desprendimento. Essa é uma etapa que deve ser feita de forma individual para que você, com sua consciência, possa definir direitinho os tipos de gastos. Eles farão parte da massa de manobra do orçamento.

Primeiro os supérfluos, depois os necessários.

Quarto ato: hora de agir

Passadas as etapas anteriores, que podem ser classificadas como teóricas, é hora de pôr a mão na massa. Para isso, o que deve ser feito é uma avaliação dos extratos dos últimos meses para entender quais das áreas que não são fundamentais estão com os maiores gastos. Quais desses gastos tiram maior parte do seu orçamento e não deveriam estar lá?

Nessa busca, pode ser que encontre situações, como gasto elevado em almoço fora de casa, em compras excessivas ou em transporte (seja próprio, por aplicativo ou público) quando boa parte poderia ser feita andando. Vai depender do estilo de vida de cada um. Com esses gastos identificados, que seriam os pontos de vazamento do orçamento, procure formas de estancar ou diminuir a vazão. De preferência, de uma maneira que não gere problemas ou não prejudique demais o estilo de vida.

A ideia é que o processo seja feito conscientemente, sem gerar situações negativas no dia a dia. É bom, inclusive, estabelecer metas de redução.

Elas servirão como base do que tentará alcançar e têm um efeito positivo no psicológico. Quando conseguir, ficará feliz, vai sentir que as coisas estão andando, que tem dado certo. Isso dará mais gás para continuar no trabalho. Inclusive, pode se presentear a cada pequena meta alcançada. É uma forma bem comum de manter a motivação, desde que os "presentes" não façam com que você extrapole o orçamento. Aí seria jogar trabalho fora.

Quinto ato: disciplina e autoconhecimento

O resultado desse processo, além de uma redução nas suas despesas, é uma maior conscientização em relação ao seu próprio orçamento. Tendo cumprindo cada momento de maneira sincera, você passará a se conhecer melhor e até a reavaliar parte dos seus gastos. Esse é o primeiro ganho desse estudo em relação ao próprio orçamento.

Além disso, a ideia de traçar metas no orçamento pode se tornar uma rotina para a realização dos objetivos. É algo prazeroso e que pode se tornar um hábito positivo. Desde que, obviamente, os objetivos sejam reais e tangíveis.

O saldo financeiro de todo esse trabalho dará uma sensação de orgulho e aquela vontade de "quero mais". O sucesso dessa avaliação e revisão do orçamento fará com que você entre em uma bola de neve, sempre de olho em revisar e reajustar os gastos. Veja que não falei em diminuir, afinal, a ideia não é parar de gastar, mas entender que as despesas precisam ser feitas de maneira inteligente para que o estilo de vida não seja comprometido.

SOBRA DINHEIRO

Esse é o melhor cenário possível. Se, após avaliar seu fluxo de caixa, você chegou à conclusão de que gasta menos do que ganha, parabéns! No entanto, se percebeu que, apesar de todos os gastos, ganha mais do que gasta, cuidado. Aqui também há uma diferença.

Ganhar mais do que se gasta é um sinal de alerta por você perceber que os gastos estão exagerados. Não há complicação no orçamento porque a receita é superior. O que não quer dizer que você está em uma situação tranquila. Quando os gastos são exagerados, é mais difícil se adequar caso aconteça algum contratempo com as receitas. Seja a diminuição repentina, aquele bônus que não vem, a perda do emprego. Qualquer impacto nas receitas pode gerar um problema grande no fluxo de caixa.

Por isso, por mais que sobre dinheiro ao final do mês, se o diagnóstico é que esse superávit acontece não por algo consciente, mas simplesmente pelo fato de o salário ser alto o suficiente para não criar dor de cabeça, cuidado. "Ah, mas é difícil ter algum problema, Raphael". É difícil, mas não impossível. Quem diria que passaríamos meses e meses com quase tudo fechado por conta de uma pandemia, como foi em 2020, como consequência da Covid-19? Por mais difícil que seja, fique alerta; pode acontecer.

Você pode ser a pessoa que, de fato, **gasta menos do que ganha**. Se for, não vai precisar nem fazer qualquer tipo de exercício ou acompanhamento para chegar a essa conclusão. Você já sabe disso porque usa o dinheiro de forma consciente, seja ganhando muito ou pouco. Tem consciência do quanto ganha, do quanto gasta, do próprio estilo de vida.

No geral, é muito mais fácil chegar a esse ponto tendo uma receita considerável. Quanto maior a receita, mais propício a conseguir o feito; quanto menor a receita, mais complicado. São razões óbvias para esse cenário, o que não quer dizer que somente quem ganha bem consegue. Já recebi relatos de quem ganha pouco mais que um salário-mínimo e consegue manter os custos abaixo do que recebe. Quase uma mágica, é verdade, mas digno de nota. O erro acontece quando esse caso é utilizado como exemplo para que outras pessoas possam fazer o mesmo.

É quase como um: "Está vendo aí? Se aquela pessoa consegue, todos conseguem viver com esse salário. Se não consegue, é por não ter disciplina". E não é assim; sabemos.

Do outro lado, ser mais propício manter o controle com a renda maior não é ser mais fácil. Existem variáveis que devem ser consideradas, como o estilo de vida, o ambiente em que vive, a pressão social. Não faz muito tempo que recebi um relato de uma pessoa que se sentia pressionada a ter um carro novo todos os anos para manter as aparências.

Uma cliente, certa vez, me relatou uma cena que aconteceu na saída de seu trabalho. Ela era diretora de uma instituição de ensino e estava na porta aguardando a chegada do motorista por aplicativo que havia chamado. Ela me disse que os pais dos alunos passavam e ficavam olhando para ela, assim como colegas e subordinados. Pode ser que tenham olhado por curiosidade ou para simplesmente cumprimentar, pode ser que tenham olhado para julgar. No íntimo dela, estava todos julgando.

"Eu sei que não pega bem uma pessoa na minha condição não ter um carro", foi o que ela me disse.

Não pega bem? Como assim? Onde está escrita essa regra? O que pega bem ou não é o que você se sente bem, são seus planos, seus objetivos. O que pega bem é você se sentir confortável com seu estilo de vida, e, de preferência, que ele esteja abaixo do que é possível.

Falarei mais sobre isso agora.

VIVER ABAIXO DA RENDA: O GRANDE DESAFIO

Seu dinheiro, sua vida, suas regras. Perdão pelo trocadilho, mas esse deve ser o pensamento quando houver qualquer sinal de queda para fazer o que os outros querem que você faça. O dinheiro é seu, a vida é sua, nada de comprar algo ou gastar demais só para mostrar aos outros o que acha que esperam de você.

Gaste, compre e viva com aquilo que você acha necessário para sua realidade. Se me permite uma dica, aprofundando o que vimos no último item do resultado naquela análise do orçamento, essa é a situação em que se vive abaixo do que a renda permite. Sem dúvida, o melhor a ser feito.

O melhor, mas também muito difícil. Na verdade, é um grande desafio, pois vivemos em uma sociedade que preza muito pela aparência, pela posse. Vale mais parecer que tem dinheiro do que ter dinheiro de fato. Sem contar que, quando evoluímos em relação ao conforto que conseguimos proporcionar, dificilmente damos um passo atrás.

Por isso, o ideal é fazer esse processo desde o início da vida financeira. Nem sempre é possível, é verdade, mas quem tem condições deve optar por assim fazer. Se ganha R$ 4 mil, tenta viver como se ganhasse R$ 3.500, por exemplo. Claro que respeitando o mínimo necessário para um estilo de vida tranquilo sem grandes punições.

Esse processo deve ser seguido à medida que a renda aumenta. É uma forma de se disciplinar e adequar o psicológico para manter o costume. O salário aumentou para R$ 5 mil, define um percentual, passa a investir e encara a nova renda como R$ 4,5 mil, por exemplo. O importante é manter, de maneira internalizada, as despesas abaixo do que a renda permitiria de fato.

Qual o grande benefício disso? A tranquilidade de saber que as contas estão pagas e o privilégio de fazer uma extravagância vez ou outra. Se tem uma margem segura entre o que se gasta e o que se ganha, não há crime em fazer algumas estripulias de vez em quando, inclusive antecipar planos, criar ou atingir os objetivos de maneira mais rápida.

Contudo, não encaro esse como o principal motivo para manter o estilo de vida abaixo do possível. Minha maior razão para essa defesa não é percebida facilmente no dia a dia, inclusive, leva muitos a fazer pouco caso da ideia. Porém, em momentos em que a inflação nos acompanha de perto e mostra os dentes cruéis, me dão razão.

Com o estilo de vida abaixo do que a renda permite, a inflação demora mais para forçar uma mudança nos hábitos. Você vai perceber a inflação, é verdade. Ela é cruel e mostra as caras, mas, ainda assim, conseguirá manter o que costuma fazer.

O que vai acontecer é que o aumento do custo de vida, provocado pela inflação, fará com que sobre menos em relação ao que sobraria em tempos normais, mas, ainda assim, tudo estará pago. A tendência é que deixe de fazer parte do grupo daqueles que têm o dinheiro sobrando para ficar no 0 a 0. Ruim? É, porém, ainda assim, não estará no negativo.

Mantendo essa prática, você só será forçado a mudar seu estilo de vida se a inflação sair do controle e persistir na subida durante meses. Com isso, haverá um prazo maior para que os ajustes necessários sejam feitos, terá tempo para avaliar possibilidades, avaliar estratégias e evitar que seja algo traumatizante.

Ter um estilo de vida abaixo do que a renda permite é um favor que você faz para seu eu presente e o seu eu futuro. Dará tranquilidade mês após mês, evitará ser pego de surpresa com gastos inesperados, além de não ter impacto imediato no estilo de vida em decorrência da inflação. Tudo isso, sem deixar de planejar seu futuro.

O USO DO CRÉDITO

Passada a reflexão sobre a importância do orçamento, nada melhor do que seguir com um item que, geralmente, é um vilão nas finanças pessoais: o crédito. De antemão, hora de quebrar esse preconceito. O crédito, não é, única e exclusivamente, um vilão. Ele pode ser utilizado de forma positiva e inteligente, mas, de fato, na maioria dos casos, é algo que causa muita dor de cabeça para os brasileiros.

Inclusive, é comum que, ao falar crédito, nos venha à cabeça o complemento com o cartão de crédito. É até natural, já que é a composição de uma das modalidades possíveis, mas o crédito vai além disso. São diversas as possibilidades, que devem ser avaliadas caso a caso para a verificação da necessidade da pessoa e o que eles apresentam. Sou repetitivo, porém nesse ponto preciso ser: não é uma receita pronta.

Começo com cinco modalidades de crédito; algumas óbvias, outras que você sabe bem o que é, mas não classificaria como crédito. Vamos entender um pouco mais.

Empréstimo pessoal: é a possibilidade mais popular. As taxas variam de instituição para instituição e, também, de acordo com seu histórico de pagador.

Empréstimo consignado: é a possibilidade em que o pagamento é feito direto na folha, você já recebe seu salário com o valor deduzido. Essa "certeza" de pagamento permite que a taxa de juros seja inferior.

Financiamento: sim, o financiamento também é uma modalidade de crédito. É um empréstimo pessoal, mas utilizado em situação específica, já que há a necessidade de decidir onde o dinheiro será utilizado antes da solicitação. O mais comum são os financiamentos imobiliários e automotivos.

Consórcio: tem uma diferença grande em relação às anteriores, a entrega do produto. Enquanto, nos três primeiros itens, temos a antecipação da aquisição, o consórcio é mais bem utilizado para objetivos de longo prazo.

Cartão de crédito: deixei o mais óbvio por último. Mais popular, mais fácil e que pode gerar um estrago maior, o cartão de crédito facilita as compras a prazo. Temos a possibilidade de antecipar o consumo e postergar o pagamento, para isso nos submetemos à possibilidade de juros exageradamente altos.

Esses são os principais tipos de crédito que temos no Brasil. Na sequência, falarei um pouco mais sobre o consignado e o cartão de crédito — tão populares e com tantas dores de cabeça criadas. O consórcio e o financiamento serão explorados mais para frente.

MECANISMO

Antes de abordar cada caso, hora de entender melhor o mecanismo base do crédito. Em quase todas as modalidades, o que se faz é antecipar uma demanda. Quando não tem valor necessário para o consumo imediato, recorre-se às opções de crédito para ter o prazer e a possibilidade de adquirir aquele bem (ou fazer aquela viagem). Para essa antecipação, há um preço a ser pago, os juros.

O caminho natural, quando se quer comprar algo ou realizar algum desejo, é juntar o valor necessário e, depois disso, fazer a aquisição. Primeiro garante ter o dinheiro, depois faz a compra. É o percurso natural, mas um conjunto de fatores leva a caminhos diferentes. A necessidade imediata, o alto custo em relação à renda de produtos que poderiam ser considerados básicos, a urgência criada em nossa sociedade para vivermos o aqui e agora sempre e a ausência de um planejamento financeiro, na maioria dos casos.

Primeiro decide comprar, depois pensa em como pagar. Por essa urgência e pouca paciência, precisamos recorrer ao crédito. Como visto anteriormente, cada modalidade tem sua característica; da mesma forma, cada opção carrega um perfil e um tipo de juros. Quanto maior a incerteza sobre o pagamento a ser feito, maior o preço a ser pago para isso. É a lógica básica do processo.

Dessa maneira, no geral, o crédito é utilizado para antecipar uma realização, o que é feito com uma frase bem conhecida: "a parcela é pequena, cabe no orçamento". A parcela isolada realmente não é um problema, só que esse processo é repetido em diversos setores da vida, e o acúmulo desses custos pela antecipação dos desejos faz com que o crédito seja um vilão.

É comum recorrer ao crédito para comprar um imóvel, um automóvel, parcelar uma televisão, um notebook, algumas roupas, um celular novo, óculos... Daria para preencher metade do livro só com as possibilidades.

Muitas pessoas não têm o planejamento e a paciência para realizar o desejo sem recorrer à antecipação; falta o controle para entender quando é hora de parar. É quando se torna uma bola de neve. Sem o controle das contas, as parcelas de empréstimos, financiamentos e a fatura do cartão de crédito desafiam a matemática; como não tem para onde correr na subtração de receitas e despesas, chegam as dívidas.

Das opções que citei, talvez a pior de todas seja dever ao cartão de crédito. O rotativo do cartão é o que gera toda a má fama. E com muita razão. Para se ter uma ideia, a taxa de juros do rotativo beira os 300% para o chamado cliente regular, que é aquele que paga o mínimo de 15% da fatura dentro do prazo. Para o cliente não regular, que sequer pagar o mínimo, ela supera os 300%. Já para quem parcela a fatura, a taxa costuma ficar abaixo dos 150% em 2022.

No entanto, com os ensinamentos que você tem tido ao longo deste livro, o crédito pode ser uma boa opção e uma alternativa inteligente em alguns momentos. Nesses casos, recorrer ao crédito pode ser uma forma de alavancar seu patrimônio; assim como empresas alavancam o patrimônio para crescer, o mesmo pode acontecer com você.

As possibilidades de alavancagem e seus benefícios são bem específicas para momentos e necessidades de cada um. O estudo nesses casos deve ser feito de acordo com o valor a ser pago pelo crédito com o retorno que terá, porém há maneiras mais práticas e diretas para perceber o benefício do crédito. Do mesmo modo que o cartão de crédito é um vilão que nos acompanha na carteira, ele pode ser um amigo para quem tem o planejamento bem-feito. Como?

Uma das maneiras é o principal motivo que nos leva ao uso do cartão: a antecipação do consumo. Com o entendimento do orçamento e a visa clara da situação financeira, o cartão de crédito passa a ser um aliado.

Portanto, o uso do crédito, seja de qual forma for, não é sempre negativo ou sempre positivo; vai depender, principalmente, do modo que você o enxerga. Para quem não tem controle, ele se torna uma âncora para levar cada vez mais fundo nas dívidas; para quem não sofre disso, é um auxílio quando bem utilizado. Porém, como pode ter percebido, tudo passa inicialmente por ter o controle de sua situação financeira, assim você também terá o controle sobre o crédito.

EMPRÉSTIMO CONSIGNADO

Como prometido, vou falar especificamente sobre dois dos mais comuns tipos de crédito no país. Para começar, o empréstimo consignado, que tem, em sua essência, o fato de a parcela devida ser descontada automaticamente do contracheque ou do benefício. Isso permite que as taxas de juros cobradas sejam menores do que as praticadas em outras modalidades de empréstimo, já que o risco de calote é quase zero.

É por isso, também, que a modalidade é oferecida para negativados. Apesar da pendência financeira anterior, o consignado permite que o pagamento seja descontado automaticamente, sem o risco de o tomador do empréstimo optar por não pagar em determinado mês.

Prático, mas com um grande risco. Pela facilidade de ser contratado, o consignado termina sendo uma muleta para o tomador. Precisou de dinheiro? Pede um consignado. Apertou? Pede um consignado. Precisa de dinheiro para comprar um carro? Pede um consignado. E lá se vai o salário.

Apesar de existir um teto para a possibilidade de tomar o empréstimo, é bom lembrar que o consignado diminui a capacidade financeira mensal. Pelo fato de o desconto ser automático no contracheque, a renda diminui. Se a pessoa tem dificuldade para fechar o mês com o salário cheio, imagina quando tiver dois ou três consignados minando a renda...

Colocando em termos práticos: uma pessoa ganha R$ 3 mil e usa um consignado para comprar um carro. Na prestação, lá se vão R$ 800 do salário. Meses depois, decide fazer uma reforma em casa. Sem dinheiro para pagar tudo à vista, mais um consignado, e mais R$ 200 de prestação. Só com esses dois movimentos, essa pessoa vai passar a ter R$ 2 mil de salário na conta. As duas parcelas serão pagas automaticamente; e, se já não era fácil viver com o salário cheio, vai ficar ainda mais complicado com 1/3 a menos.

Por isso, é importante ter cuidado para não se complicar com os consignados.

Além da questão em relação ao orçamento mensal, é bom ter em mente que a relação com qualquer tipo de empréstimo deve ser iniciada somente depois de muita certeza. Recorrer a um empréstimo é uma solução que deve ser aplicada se for tomada para resolver a situação. No caso dos negativados, o pensamento é juntar as dívidas existentes, avaliar o montante necessário e trocar todo aquele valor, todos aqueles juros, por uma única prestação. E, claro, lutar por uma redução dos valores, como falei há algumas páginas.

CARTÃO DE CRÉDITO

Era dia 8 de maio de 2022. Um domingo, Dia das Mães. Voltávamos da casa de meus sogros, os avós de Pedro. Lá, quando meu cunhado, Hugo, pegou o presente para dar para a mãe, fez um sinal para Amanda, minha esposa. Pedro, que estava na direção, achou que era com ele e se animou ao ver uma caixa com embalagem laranja. Explico: no dia seguinte, dia 9, era o aniversário de 5 anos dele.

Logo, Pedro achou que aquele era um presente antecipado do padrinho e se animou. Porém, caiu no choro quando percebeu que não era para ele. Conversamos no momento, ele entendeu, e o dia seguiu. Quando estávamos voltando para casa, o assunto presente voltou à tona. Tínhamos marcado de ir a uma hamburgueria que Pedro gosta no dia seguinte, e ele falou que só poderia ir quem levasse presente. Seja para comer hamburguer, seja para a festa que estava programada para o sábado seguinte.

Lá fomos nós, de novo, explicar a ele que o importante não é o presente. Amanda falou sobre a importância de estar com quem gosta, da presença, do carinho. Na sequência, lembrei que nem todo mundo consegue comprar presente, seja por não ter tempo durante os dias, seja por não ter dinheiro, e brinquei dizendo que nosso presente para ele seria a festa, que já estaríamos gastando dinheiro nisso.

Ele, prontamente, rebateu:

"Mas para comprar o presente você não usa seu dinheiro, não é? Você passa o cartão".

E lá fui eu explicar que o cartão era também meu dinheiro.

O SURGIMENTO

Pedro tinha 4 anos de idade quando fez essa associação entre dinheiro e cartão; ingenuidade e uma sacada que me rendeu muitas risadas depois. No caso dele, engraçado. No entanto, muito adulto parece ter o mesmo raciocínio dele quando o assunto é o cartão de crédito, esse é um dos motivos de o cartão ser o grande vilão das finanças de muitos brasileiros.

A culpa, de fato, não é do cartão. Um pequeno pedaço de plástico, geralmente com 0,76 milímetros de espessura e 85,6 mm de largura por 53,98 mm de altura, não é o responsável pelo exagero nas despesas. A culpa é, de fato, de seus donos.

Isso acontece muitas vezes por algo que vai mais ou menos em direção ao pensamento de Pedro lá na conversa no carro. Há quem utiliza o cartão de crédito como se fosse uma extensão do orçamento. Um erro grande e bem comum.

Antes de falar sobre a utilização dele, vale a pena contar a história de sua criação. Como surgiu esse pequeno objeto que desperta sentimentos mistos nos brasileiros? Ele foi criado nos Estados Unidos, na década de 1920, com uso bem restrito, nada próximo das ofertas indiscriminadas que vemos atualmente aqui no Brasil. Era utilizado apenas em alguns estabelecimentos para clientes mais fiéis, aqueles que os donos achavam confiáveis.

Foi por volta da década de 1950 que o cartão começou a se popularizar. Certo dia, Frank MacNamara percebeu que havia esquecido o dinheiro e o talão de cheques para pagar uma conta, foi aí que surgiu a sacada de um cartão com o nome do proprietário. Esse foi o insight para a criação do The Diners Club. Feito de papel cartão, era aceito apenas em 27 restaurantes e utilizado por cerca de duzentas pessoas.

Com o passar dos anos, foi se popularizando, ganhando novos adeptos e sendo aceito em novos estabelecimentos. Em 1952, foi criado o primeiro cartão de crédito internacional. Três anos depois, passou a ser feito de plástico, e, por incrível que pareça, o precursor de tudo isso continua existindo, é o Diners Club International.

A chegada do cartão de crédito ao Brasil foi no meio da década de 1950. O empresário tcheco Hanus Tauber comprou uma franquia da Diners e propôs sociedade com o brasileiro Horácio Klabin. Em 1956, o Diners chegou ao Brasil como um cartão de compras, mas foi somente em 1968 que o primeiro cartão de crédito de banco foi lançado. Era o Credicard.

Desde então, o método de pagamento tem evoluído. Grande parte da possibilidade para essa evolução veio após o Plano Real. Com uma moeda estabilizada e inflação controlada, o cartão de crédito se tornou algo mais popular, inclusive com menores taxas e tarifas (sim, os juros continuam altíssimos).

NADA MÁGICO

Agora que você conhece um pouco mais da história do cartão, vamos voltar ao lado crítico. A grande mágica que o cartão de crédito exerce é permitir a compra imediata sem a necessidade de ter em mãos o montante necessário para aquela aquisição. Seja com o pagamento ao final do mês — ou quando a fatura chegar — seja com a possibilidade de parcelar a dívida. São esses dois pontos que geram dúvidas, receios e causam muitos problemas para os usuários que não conseguem utilizá-lo de uma maneira mais consciente.

Por isso, é fundamental entender que o cartão de crédito não é um cheque em branco. A conta chega e precisa ser paga. Se não for, os juros são crescentes e mortais. Cuidado!

Colocarei aqui dois pontos importantes para que você possa prestar atenção cada vez que for utilizar o seu cartão e, dessa forma, ter uma relação mais saudável com ele, podendo extrair os benefícios sem o risco de sofrer com os pontos negativos. Essa dica parte do ponto básico de separar suas despesas entre recorrentes e não recorrentes.

As despesas recorrentes são aquelas feitas com constância ao longo do ano. O supermercado, o combustível, a compra de medicamentos de uso contínuo etc. São despesas que você tem de maneira constante ao longo do ano. Veja que não falei sobre o período da recorrência; ela pode variar entre semanal e semestral, por exemplo. O importante é entender quais são as despesas rotineiras em sua vida.

Sabendo quais são, você precisa tomar o cuidado para evitar ao máximo o parcelamento. Diria para nunca parcelar, mas é algo que não posso falar tão taxativamente por causa das realidades diferentes de cada família. Para alguns, parcelar essas compras é a única forma de ter o mercado do mês, por exemplo.

Se puder, evite.

Bem, como elas são despesas recorrentes, serão feitas mês após mês, por exemplo. Vou usar o caso do mercado do mês. Suponhamos que custe R$ 500, e você opte por dividir em cinco vezes, por R$ 100 ser um valor que cabe no seu orçamento. Só que o mercado será feito todos os meses, e todos os meses a divisão em cinco parcelas.

Tabela 1 – Projeção de parcelamentos no cartão de crédito

	Janeiro	Fevereiro	Março	Abril	Maio	Abril	Maio
Mercado 1	R$ 100	R$ 100	R$ 100	R$ 100	R$ 100		
Mercado 2		R$ 100	R$ 100	R$ 100	R$ 100	R$ 100	
Mercado 3			R$ 100	R$ 100	R$ 100	R$ 100	R$ 100
Mercado 4				R$ 100	R$ 100	R$ 100	R$ 100
Mercado 5					R$ 100	R$ 100	R$ 100
Mercado 6						R$ 100	R$ 100
Mercado 7							R$ 100
Total a pagar	**R$ 100**	**R$ 200**	**R$ 300**	**R$ 400**	**R$ 500**	**R$ 500**	**R$ 500**

Fonte: o autor

No primeiro mês, paga R$ 100. No segundo, R$ 200. No terceiro R$ 300... no quinto mês, chegará a R$ 500. Perceba na tabela como a bola de neve vai se formando.

Observe que, a partir do quinto mês, o valor a ser pago no cartão de crédito vai ser referente ao valor mensal do supermercado. Isso se não houver aumento dos preços, se não mudar os produtos comprados, se não tiver alguma surpresa, o que se torna um problema porque, lá no começo, a opção de parcelar havia sido tomada por não ter como suportar os R$ 500 no orçamento mensal. Agora, com os parcelamentos recorrentes, não há como fugir — a não ser deixar de pagar e sofrer com os juros.

Utilizei apenas o exemplo de uma compra, mas, geralmente, o que acontece é que o raciocínio é o mesmo para diversas outras. Dessa forma, parcelando um pouco de cada coisa, acaba gerando um grande problema em alguns meses.

Como as despesas recorrentes vão sempre existir e, provavelmente, com valores similares, optar por parcelá-las é um tiro no pé. Você está se livrando de um valor alto no momento para uma dívida que vai acabar se perpetuando em sua fatura e complicando sua situação.

NÃO RECORRENTES

O mesmo não pode ser dito sobre as despesas não recorrentes. Pode ser o pagamento de uma anuidade (desde que o número máximo de parcelas não supere um ano), uma compra específica de um eletrodoméstico, por exemplo, algo pontual. Como não são despesas que vão se repetir em um período curto, o problema da bola de neve não vai se repetir nesses casos — o que não quer dizer que não vai sofrer com o acúmulo de compras se não tiver o controle no uso do cartão.

Essas despesas são mais propícias ao parcelamento. Parcelando de maneira programada, você consegue diluir a dívida e manter um fluxo de caixa melhor ao longo dos meses. Claro que tudo feito com responsabilidade e com consciência sobre o número de parcelas a ser utilizada. Não há um número mágico ou ideal, tudo vai depender de como está sua fatura. Não deixe que muitas parcelas se acumulem, senão, no final das contas, a fatura fica tão alta quanto se fosse comprar quase tudo à vista, mas saiba aproveitar essa possibilidade.

Só que, como disse, é uma questão muito particular, não quis aqui passar uma regra, mas dar dicas que acho importante sobre a relação com o dinheiro. Antes de tudo, é preciso entender sua realidade. Se o parcelamento é uma opção — não uma condição preponderante para aquela compra — tente adotar o que falei.

USAR OS JUROS A SEU FAVOR

Aqui vale uma ressalva importante. Há quem defenda o parcelamento no máximo de vezes quando não há incidência dos juros para tentar aproveitar os juros a seu favor. Essa lógica funcionaria com a pessoa tendo o valor total de uma compra e investindo para obter o retorno. Vou usar um exemplo prático, pois acho que fica mais fácil de entender o cenário.

Vamos supor que a compra seja de uma televisão de 50 polegadas. Fiz uma pesquisa rápida na internet e encontrei valores em torno de R$ 2.800. A loja diz que parcela em 10 vezes sem juros, mas que não dá desconto para o pagamento à vista. Então, para aproveitar a taxa de juros a seu favor, a opção é parcelar em dez parcelas de R$ 280.

Para que os juros sejam utilizados a seu favor, de verdade, você precisaria ter os R$ 2.800 para o pagamento à vista; em vez de pagar, investiria esse valor em um título com segurança e lucraria lá no final dos dez meses. Enquanto escrevo este trecho do livro, a Taxa Selic Meta está em 12,75% ao ano. O valor total seria investido e, a cada mês, R$ 280 sacados para o pagamento da parcela. Ao final, sem considerar taxas e impostos, o lucro bruto seria de R$ 164,40. Ou seja, ao optar pelo parcelamento sem juros, você pagaria tudo e ainda teria um lucro de 58% do valor de uma parcela.

Essa é a lógica de quem consegue usar os juros a favor no caso de um parcelamento desse tipo. No entanto, nem todo mundo tem o valor total para o pagamento à vista e pode fazer essa operação. Quem não tem não pode dizer que opta pelo parcelamento para utilizar os juros a seu favor, na verdade é uma possibilidade para ter uma folga no mês.

Para falar a verdade, não existe esse cenário de dez vezes sem juros. Quando a empresa diz que faz o parcelamento sem nenhum acréscimo e não dá desconto à vista, os juros estão lá. A diferença é que serão pagos por todos, seja por quem paga à vista, seja por quem faz o parcelamento. Depois do exemplo que dei, fica mais tranquilo para entender o raciocínio.

Se, em uma compra, o consumidor poderia ter um lucro de R$ 164,40 por investir o dinheiro e sacar todo mês para pagar as parcelas, a empresa perderia essa possibilidade em todas as vendas que faz? Ofereceria o parcelamento em diversas vezes sem a cobrança de nada a mais por isso, ainda mais em um momento de juros altos?

Obviamente, não. A solução encontrada é inserir esse custo do dinheiro no preço oferecido ao cliente. Se ele paga à vista, o ganho da empresa é ainda maior, já que o preço contém o valor real daquele produto mais um acréscimo do que seria cobrado em juros até determinado número de parcelas. Se o consumidor decide parcelar, não há prejuízo para a loja. O custo de não receber o dinheiro à vista está embutido no preço. No final das contas, a empresa sai ganhando no caso do pagamento à vista e fica no cenário teoricamente justo no caso do parcelamento.

Do lado do consumidor, há uma assimetria de informações. Por não ter tudo explicado direitinho, ele acredita que vai ter um benefício ao parcelar o pagamento. Quando decide pela compra em dez vezes, não paga nada a mais em relação ao preço de mostruário, é verdade, mas já em ali o que seriam os juros embutidos. Por outro lado, quando opta pelo pagamento à vista, está pagando também alguns reais a mais, já que o preço tem, em sua formação, o possível custo que a empresa teria no caso de um parcelamento.

DECISÕES FINANCEIRAS

Já que iniciei com a questão do efeito do dinheiro no tempo, vou continuar nessa linha para facilitar a compreensão do processo. A dúvida sobre pagar à vista ou parcelado é uma questão que permeia muitas de nossas compras. O que faz sentido? O que vale a pena? Em qual opção serei menos prejudicado ou levarei mais vantagem?

No final, um dos principais motivos para termos essas dúvidas é o sentimento de não sermos ludibriados por ninguém. Queremos tomar a decisão que achamos que vai nos colocar em melhor situação. Quando não, pelo menos que vai evitar que o outro, no caso a loja, leve a melhor sobre nós.

Outro ponto importante levado para sanar a dúvida sobre à vista ou parcelado é decidido com uma simples e perigosa frase: "A prestação é pequena, cabe no orçamento". Essa geralmente é a resposta mais rápida que vem à mente no momento da dúvida, logo antes de aceitar a oferta do vendedor; mas como vimos há algumas páginas, não é o simples fato de caber no orçamento que deve ser considerado.

Para que possa decidir entre o parcelamento ou o pagamento no ato, é preciso entender que o dinheiro tem um valor ao longo do tempo. Esse valor é acrescido pelos juros e pode ter o acréscimo da inflação.

Nesse processo, podem ser consideradas duas possibilidades: juros simples e juros compostos. No primeiro caso, os juros fazem efeito somente sobre o valor inicial depositado. É o que acontece com a caderneta de poupança, por exemplo. Na segunda possibilidade, a conta é um pouco diferente. Presente em grande parte dos investimentos e em grande parte das dívidas que acumulamos, os juros compostos vão incidir sempre todo o montante acumulado. Em vez de levar em conta o valor que você depositou, como no caso da poupança, ele vai agir sobre o saldo total. É o famoso "juros sobre juros", que pode nos gerar dor de cabeça com as dívidas ou alegria com os investimentos.

Vamos colocar essa teoria no papel. Imagine que, no quintal de sua casa, há duas árvores. Uma delas bem no centro do quintal, e outra colada com o muro. Essas árvores, por uma mutação genética fornecem frutos diferentes; os que têm semente ficam somente no lado esquerdo da árvore, que é justamente o lado que fica para o outro lado do muro. Ou seja, os frutos com semente caem fora de seu quintal.

As duas árvores dão frutos todos os meses. Na primeira, que fica no centro do quintal, os frutos caem e, a cada mês, ao menos uma nova semente é semeada. Digamos que são dez frutos a cada mês, e uma nova árvore que será gerada. Assim, ao final de um ano, essa árvore do centro do quintal terá gerado 120 frutos e 12 novas árvores, que a cada ano também farão o mesmo. Cada uma das 12 novas árvores vai gerar 120 frutos e 12 novas árvores por ano. São os juros compostos.

Bem ali do lado, no muro do quintal, está a outra árvore. Como a parte dela que gera os frutos com semente está para fora do muro, você só consegue ter os frutos dela, que na verdade não é "só". Já é alguma coisa, não é? Porém, na comparação, parece pouco. Ao final do ano, você recebe os 120 frutos e continua assim ano após anos. São os juros simples.

E A DECISÃO?

Entender essa diferença é importante para seguir o raciocínio. Vamos supor que eu queira comprar uma televisão nova no valor de R$ 6 mil. O vendedor me diz que posso pagar à vista com um desconto de 10% ou a prazo em 12x de 500 "sem juros".

Para o pagamento à vista, o valor total a ser desembolsado é R$ 5.400,00. No parcelado, como teoricamente não há juros, paga R$ 6 mil em 12x R$ 500.

Mas será que realmente é isso?

Como houve um desconto de 10% ao comprar à vista, podemos considerar que esse é o valor de fato do bem. Assim, há um percentual de juros que fica embutido na operação e nos é apresentado como "sem juros". Vamos aos cálculos.

Valor à vista: R$ 5.400,00

Parcelas: 12

Valor das parcelas: R$ 500

Juros ao final: 1,66% ao mês.

Essa é a primeira parte do problema. Entender que o "a prazo sem juros" não é bem assim. O mesmo acontece com impostos, como IPTU e IPVA. O valor verdadeiro dele é aquele com o desconto. A parcela já tem juros embutidos.

Como decidir se vale a pena ou não pagar à vista? Essa deve ser sua pergunta no momento. Caso não haja diferença entre o valor final nas duas opções, opte pelo parcelamento se não estiver enrolado ou enrolada com dívidas. Caso os valores sejam diferentes, como no exemplo, vale fazer mais contas.

O cálculo a ser feito nesse caso é se conseguirá um retorno maior nos investimentos. Nesse exemplo, o juro mensal é de 1,66%. O investimento que você possui, de preferência com segurança, lhe proporciona um rendimento acima disso?

Se a resposta for sim, vale a pena comprar parcelado —você terá um retorno maior sobre o montante investido do que pagará de juros. Se a resposta for não, compre à vista. Isso considerando aquela possibilidade que ressaltei na última parte do tópico anterior, em que você possui o valor total para o pagamento à vista e tem a condição de investir e retirar mensalmente para fazer os pagamentos.

Há outra possibilidade para definir uma compra utilizando os mesmos conceitos. Nesse caso, a ajuda vem para saber qual o valor máximo que você deve pagar à vista e ainda ter algum benefício.

Vamos supor que queira comprar um carro parcelado em 48 vezes com uma parcela mensal de R$ 1.500. A compra pode ser feita dessa maneira ou à vista sacando um investimento que dá um retorno de 5% ao ano. Para que essa compra seja à vista, o desconto oferecido precisa ser maior do que se ganharia com o investimento.

Nesse caso, a compra à vista só deveria ser aceita até o valor de R$ 65.276,93. Com esse valor investido a 5% ao ano, chegaria ao mesmo patamar de pagar 48 parcelas de R$ 1.500. Com qualquer montante acima disso, seria mais vantajoso deixar o dinheiro investido e pagar as parcelas mensalmente.

Partindo do princípio de que o uso do cartão de crédito pode complicar nossa relação com o dinheiro, devemos ter cuidado com ele. Se possível, evite. Se está com a vida financeira bagunçada, não use. Porém, se é uma das pessoas que se organizou bem e faz questão de usar o cartão, posso deixar uma regra que pode ser tida como básica:

Sempre que houver desconto e você puder, compre à vista.

COMPRAS

Toda reunião que tínhamos era a mesma coisa. "Raphael, não sei o que acontece, mas esse mês gastei demais de novo", "Entrei no site, vi, comprei e depois fiquei arrependida", "Fui ao shopping com meu filho e fiquei sem entender que o passeio custou R$ 450". Era assim que Rosana, vou chamá-la assim, começava cada encontro. Lamentos por não conseguir manter o orçamento dentro do esperado.

Foram necessárias algumas conversas, alguns estudos e avaliações no comportamento para entender o que acontecia com ela. O primeiro sintoma era claro: a impulsividade. Porém, esse era o reflexo, não a causa. Muitas vezes, em relação às finanças, nos preocupamos demais com os sintomas, não com as causas.

Se o cartão de crédito gera dor de cabeça a cada mês, vamos cortá-lo. Se o aplicativo facilita o descontrole nas compras, vamos desinstalá-lo. Um alerta na carteira ou na bolsa para pensar duas vezes antes de comprar e, assim, evitar aqueles gastos por impulso. Basicamente o que fizemos foi postergar a compra. Se era pessoalmente, ela vestia, experimentava, olhava normal como faz habitualmente, mas recorria àquela tática das mães: "Na volta eu compro". Se fosse pela internet, a tática era colocar tudo no carrinho, mas não fechar a compra. Deixar para o dia seguinte. Se de fato fosse uma necessidade, ela lembraria e voltaria para comprar. Se fosse um impulso, a compra seria esquecida.

Dessa forma, tivemos um caso interessante. Determinado dia, ela entrou em um site e encheu o carrinho de itens que, como justificativa para comprar, dizia que precisava urgentemente de uns e que merecia outros.

Quando foi olhar o carrinho para ver quanto estava o valor total, viu que os itens estavam todos duplicados. Primeiro pensou que era algum erro, mas não. Ela mesma tinha feito aquele ritual anteriormente. As mesmas justificativas, os mesmos itens. Deixou para comprar no dia seguinte, mas não se lembrou. Os itens estavam lá havia mais de duas semanas, e o que "precisava urgentemente" não estava fazendo falta alguma.

Essas são, de verdade, boas opções para diminuir as despesas que usei com Rosana, com algumas adaptações, é claro, mas que têm prazo de validade. Elas tratam os sintomas, não as causas. Essas artimanhas fizeram o efeito esperado com Rosana por um tempo. Enquanto ela segurava os gastos por não ter o cartão na mão ou por pensar duas vezes antes de comprar, fomos entendendo as causas do problema.

A CAUSA, NÃO SÓ O EFEITO

Tratar o que é visível, como o gasto descontrolado, a compra por impulso, ajuda a aliviar a pressão imediata, dá folga no orçamento, permite raciocinar com mais tranquilidade. No entanto, passado um período com os paliativos, os mesmos problemas podem voltar. É como nosso organismo em relação aos remédios: se tratamos apenas um sintoma, pode chegar um momento em que as substâncias não farão mais efeito.

Por isso, a importância de entender o que leva àquela ação. No caso de Rosana, ela se sentia na obrigação de sempre dar um presente ao filho. Compensava a ausência no dia a dia, em função do trabalho, com presentes e mais presentes para os familiares. Foi a maneira que encontrou de dizer que não podia estar ali em muitos momentos, mas que continuava amando todos.

Já João, outro cliente, me confessou uma vez que parar no shopping era quase obrigatório quando tinha um problema no trabalho. E lá ia uma calça, uma camisa, um jantar mais caro... trocava os problemas do dia a dia por compras. "Me sentia melhor comprando, mas chegava em casa e já voltava a ficar preocupado. Primeiro com os problemas, depois com os gastos a mais".

Já que falei anteriormente sobre a decisão de comprar à vista ou a prazo, vale a pena um tópico específico para esse ato que gera sentimento dúbio nas pessoas. Em quem se vê com o descontrole nas compras, um sentimento comum é o prazer ao comprar. Geralmente o ato vem precedido por uma inquietação, um aborrecimento, um problema externo, e essa dor é resolvida com uma nova compra. No início, a sensação de bem-estar por comprar é duradora, mas ela vai perdendo a força com o tempo e, não é raro, ver quem se contente e se arrependa logo em seguida.

Nesses casos, os artifícios utilizados para diminuir a ação são válidos. Seja um bilhete no cartão, deixar o cartão em casa ou até as formas que utilizei com Rosana para postergar a decisão. São todas alternativas que você pode utilizar para evitar as compras por impulso. É o impulso, na maioria dos casos, o grande vilão nesse cenário.

DOR DO PAGAMENTO

Há também outra maneira de minimizar esse consumo desenfreado: mudar a forma como faz o pagamento. À medida que a tecnologia avança, vai ficando mais fácil e prático pagar alguma coisa. Em alguns casos, é até *gamificado*. O cérebro não entende que aquilo ali é um pagamento.

Essa sensação é chamada de Dor do Pagamento. É o que nosso cérebro sente quando realizamos algum pagamento. À medida que esse ato vai se tornando mais virtual, menor é essa sensação. O Pix é uma revolução nos meios de pagamentos brasileiros, uma forma prática, direta e simples, que influenciou a bancarização de muitas pessoas, além de facilitar muitos negócios. O Pix hoje é aceito em qualquer lugar, desde o vendedor ambulante na praia até a grande rede de supermercado. É um marco.

Contudo, para as pessoas descontroladas nos gastos, pode não ser tão bom assim. O pagamento pelo Pix é feito pelo celular, quase como um videogame, sem qualquer relação direta com o dinheiro. Se com os cartões, a dor do pagamento já era menor, com o Pix ela fica ainda mais difícil de ser sentida.

Se ficou descrente com esse trecho, faça uma experiência e avalie seu comportamento em três atos diferentes. Se possível, na compra do mesmo produto em dias distintos. Vamos supor, um cafezinho:

- No primeiro dia, tome seu cafezinho e pague com o dinheiro em espécie;
- No segundo dia, tome seu cafezinho e pague com o cartão (seja débito ou crédito);
- No terceiro dia, tome seu cafezinho e pague por meio do Pix.

Depois, avalie seu sentimento ao realizar cada ato. No geral, sentimos mais quando o pagamento é feito em espécie. Pensamos duas vezes se aquele cafezinho vale mesmo tirar a nota de R$ 10 da carteira. É um efeito psicológico, estamos vendo a carteira ficar mais vazia, estamos perdendo aquela nota, vemos o dinheiro saindo de nossas mãos. Por isso, a dor, nesse tipo de pagamento, é maior.

Uma forma interessante de se controlar nesse cenário, se você for uma pessoa que tem dificuldade em relação aos gastos, é tentar fazer com que os consumos impulsivos sejam feitos com o dinheiro em espécie. Saque semanalmente um valor que considere suficiente para gastar naquele período e utilize-o para fazer seus pagamentos. A tendência é que comece a repensar seus gastos, o que vai ajudar a manter o controle e criar novos hábitos de consumo.

GASTOS QUE SÃO INVESTIMENTOS

Gosto sempre de fazer esse alerta, o consumo não é condenável. Falei bastante sobre as formas de manter o controle, de diminuir os gastos impulsos, mas não de parar de gastar. O dinheiro, me desculpe os que pensam o contrário, foi feito para ser utilizado. Só que utilizado de forma inteligente. Trabalhamos, estudamos, evoluímos para ganhar mais dinheiro e gastá-lo de modo que nosso estilo de vida seja aquele que queremos. O dinheiro é para gastar. Gaste, mas procure fazer de uma maneira que você consiga gastar hoje e tenha condição de se organizar para seu futuro.

Com esse pensamento, é bom entender também que nem toda compra se torna uma despesa de fato. Algumas delas são, na verdade, uma economia. Temos o costume de olhar apenas o número absoluto de uma compra, aquele preço que aparece e que vamos desembolsar ao final do processo. Até hoje me lembro claramente de um episódio que evidencia bem isso, aconteceu quando eu ia iniciar a 5ª série na escola, agora conhecida como o 6º ano do ensino fundamental.

Meus pais na época não tinham grandes condições financeiras. Não passávamos dificuldade, mas não sobrava dinheiro. Estávamos naquele 0 a 0 que citei páginas atrás, e lembro muito bem que saímos para comprar uma mochila para essa mudança na vida escolar. A ida para a 5ª série era um marco, como se deixasse de ser uma criança para entrar em uma vida nova no ginásio. Por isso, merecia uma mochila que não era mais de uma criança.

A mochila escolhida por eles foi uma da Company, marca famosa e bem respeitada na década de 1990. Produzia mochilas de qualidade, com bom acabamento e resistentes. Por isso, obviamente, custava um pouco mais. Não me recordo a diferença dos valores, mas lembro que era mais cara, o que levou meu pai a me ensinar que algumas compras são, na verdade, economias.

"Essa mochila agora é pra te acompanhar até você se formar".

Eram mais sete anos pela frente, isso se não repetisse nenhum. Na hora achei que era uma brincadeira dele, mas aos poucos fui entendendo. Ele pagou a mais por uma mochila, mas que, ao longo dos anos, resultaria em uma economia. E, de fato, foi o que aconteceu. Nos sete anos seguintes, meus pais não precisaram comprar nenhuma outra mochila para mim. Então, aquele gasto inicial lá na 5ª série, entre 1997 e 1998, pôde ser dissolvido pelos sete anos seguintes. O que nos mostra que não foi um gasto exagerado, mas uma economia.

Exagerado seria se a cada ano ele comprasse uma mochila daquela para mim. Aí sim não faria sentido algum, mas não foi o que aconteceu. Inclusive, tenho essa mochila até hoje. Que baita economia de meus pais!

Foi um ensinamento indireto, não sei se a intenção de meu pai era fazer aquilo exatamente daquela maneira, mas foi um aprendizado importante. Carrego esse pensamento até hoje. Um gasto maior que vai proporcionar uma utilidade maior, com uma durabilidade maior, é, no final, uma economia. Podemos avaliar esses cenários com situações do dia a dia, como uma camisa mais cara, mas que tem uma durabilidade maior, um desodorante que dura mais, uma panela que vai te acompanhar por anos e anos. São gastos que vão exigir uma quantia maior no momento da compra, mas vão evitar que você precise fazer novos gastos para substituir aquele produto de tempos em tempos. O desembolso se torna maior no presente, mas, no longo prazo, evita novos gastos, ou seja, você economiza.

De 1998 pulo para 2022. Mantenha esse raciocínio para seus hábitos. Tendo condições financeiras, pense no gasto maior por um produto, mas que vai gerar economia ao longo do tempo. Esqueça a compra de algo pela marca, pelo que representa, por como você será visto por quem te rodeia. Pense na utilidade e no custo-benefício.

Se o exemplo de minha infância ficou muito distante de você, por não ter ideia do que era uma mochila Company, posso trazer um mais atual; inclusive de uma conversa que tive recentemente com um perfil interessante no Twitter. O Ouriço de Cartola (@cegadede) é um perfil com vasto conhecimento que constantemente nos presenteia com dicas de bons produtos a preços satisfatórios. São aquelas bagatelas de produtos que custam mais, mas que também têm uma boa qualidade.

Certa vez, ele comentou sobre um desodorante que dura mais de um ano e que custa R$ 67. É um desodorante em forma de cristal, produzido naturalmente e sem testar em animais. De acordo com a fabricante, pode durar até dois anos de uso. Não cheguei a experimentá-lo ainda, mas fiz as contas. Um desodorante custa em média R$ 10. A duração do frasco vai depender do estilo de vida e do uso de cada pessoa, mas não acho difícil que você supere os sete frascos em dois anos.

Então, gastar R$ 67 no desodorante é, de fato, muito para o momento da compra. Porém, quando esse valor é colocado em perspectiva, passa a ser uma economia.

Trouxe o exemplo do desodorante para causar a reação que causei em você quando leu esse trecho. Era para ser mesmo estranho, mas para mostrar que podemos ter esse pensamento com os gastos nos diversos campos da vida. A questão não é o produto em si, e sim o raciocínio por trás dos seus hábitos de consumo. O pensamento que o Ouriço citou é o mesmo que meu pai me ensinou lá atrás: "Certos gastos são investimentos e pagar um pouco mais por um produto que vai durar 10x mais faz mais sentido que economizar um pouco agora e gastar várias vezes no futuro".

Assim, posso carregar minha Company nas costas até hoje.

DEPENDE. SEMPRE DEPENDE

"Raphael, você acha que devo comprar um carro ou alugar?"

"Qual o melhor cartão de crédito para ter?"

"Vem cá, é melhor alugar ou comprar um apartamento, Raphael?"

Durante minha atuação como planejador financeiro, já encontrei muitos cenários diferentes, muitas necessidades diferentes, muitas realidades distintas. Seja no trabalho com uma pessoa ou um casal, seja nas redes sociais, uma das coisas mais comuns é a procura por ajuda em uma decisão financeira.

Muitas vezes, a pessoa já sabe o que quer fazer, busca apenas o aval de alguém "especialista" na área. Em outros casos, a pessoa está completamente perdida e busca alguém que possa jogar uma luz sobre a situação. Nesses momentos, inclusive, a palavra do "especialista" é considerada na íntegra. O que for dito será feito do começo ao fim.

Não vou nem entrar na questão da responsabilidade desses casos, ficarei no que vem antes e que, na maioria das vezes, frustra as expectativas de quem chega com o pedido de uma solução rápida, direta e que possa ser aplicada com ela, mas também com o vizinho, o primo, a irmã e qualquer outra pessoa.

A resposta, em todas as vezes, é uma só: "Depende".

Isso mesmo! Não há como dar uma resposta definitiva só tendo a pergunta como informação. Comprar ou alugar um apartamento? Carro por assinatura, transporte por aplicativo ou carro próprio? Fazer ou não fazer uma festa de casamento?

A lista sobre as dúvidas financeiras nesse tipo é grande. Grandes chances de você ter uma dúvida por aí também. A expectativa é uma resposta pronta sobre "o que é melhor". É do ser humano querer sempre tomar a melhor decisão; e, sabendo disso, muitos gurus ganham fama e alcance com supostas melhores decisões sendo proferidas pela internet. Melhor para quem?

Isso não existe. O melhor para mim pode não ser o melhor para você. Isso porque o melhor financeiramente nem sempre é o melhor a ser decidido. O principal a se levar em conta são as particularidades de cada pessoa: estado civil, momento, perspectivas de futuro, planos, capacidade de gasto e de poupança etc. São muitas variáveis que justificam e reforçam o tão malquisto "Depende".

Para tomar essa decisão, o preferível é tentar aliar os dois lados do impacto: financeiro e psicológico. Nas perguntas que são feitas, nas certezas dos gurus, na avaliação inicial que fazemos, olhamos sempre o lado racional. É esse o ponto que está em foco quando a pergunta é: "O que é melhor?".

Nesse sentido, como gastar menos é a pergunta a ser respondida. Erroneamente, muitas pessoas respondem apenas ela, toma a decisão e depois se arrepende. O melhor financeiramente nem sempre é o melhor para cada pessoa.

Decidir sobre o que é mais vantajoso financeiramente entre comprar ou alugar imóvel, fazer festa de casamento ou investir no futuro do casal, ter ou não ter um carro, e outras dúvidas desse tipo, não é algo muito complicado. Basta jogar os números em uma planilha ou calculadora e lá estará o resultado certeiro, ou até mesmo fazer a pergunta na padaria do bairro. Não vai ser difícil encontrar alguém com toda a certeza para lhe dizer o que é melhor depois de ter visto um vídeo ou um texto na internet, e não estará mentindo. É o melhor financeiramente.

No entanto, essa resposta é apenas uma parte do quebra-cabeça que precisa ser montado. O lado financeiro é importante? Claro. Sem ele não há pagamento. Mas é tudo? Não. O horizonte financeiro é necessário para que você tenha conhecimento do que vai ser gasto, investido ou recuperado em cada cenário possível.

O SENTIMENTO CONTA

É fundamental ter essa noção. Ela vai te ajudar bastante a chegar à decisão, mas você precisa ponderar o outro lado. Toda decisão financeira carrega consigo um peso emocional. Volte às perguntas desse tópico; elas envolvem o imóvel da pessoa/família, o deslocamento diário, os sonhos de uma vida. Não dá para decidir sobre nada disso tendo apenas a planilha como base. O que a planilha nos mostra é uma etapa, mas não a palavra final.

É fundamental que se leve em conta os desejos de cada um. Quem não se sente confortável em uma casa alugada pode até optar pelo aluguel porque é vantajoso financeiramente, mas dificilmente se sentirá feliz ao longo da vida assim. Claro, desde que a pessoa tenha condição de fazer um financiamento, por exemplo.

Isso pode ser levado para o casamento também. A festa custa um dinheiro absurdo, mas há quem cresça com aquele sonho de ter uma cerimônia, de achar que o casamento precisa daquele momento para fazer sentido. Não há julgamento, mas sim particularidades.

Elas precisam sempre ser consideradas. Não quer dizer também que a decisão será tomada somente pelo desejo ou pelo sonho de infância. Como falei, trata-se de um quebra-cabeça; a ideia é juntar as duas pontas para ver qual pesa mais na balança.

Não há certo ou errado nesse caso. Esqueça se dizem que você deve fazer isso ou aquilo. O que você precisa é ter clareza dos prós e contras de cada cenário. No caso de um apartamento, o aluguel faz sentido se você reinvestir a diferença dele para a prestação do financiamento. Você terá essa disciplina ao longo dos anos? Terá essa condição financeira?

Não se preocupe, que falarei especificadamente de alguns casos mais à frente. No entanto, já deu para perceber que as respostas vão ser sempre individuais? Não há um padrão. Fuja de quem diz que o certo é isso ou aquilo. A partir de agora, adote o "depende" em suas decisões financeiras. Avalie os dois lados, coloque os pontos fortes e fracos do racional e do emocional e encaminhe sua decisão ciente do que vai ganhar e do que vai perder, mas tome a decisão que fará com que você tenha o melhor proveito em cada momento de sua vida.

CASO A CASO: CONSÓRCIOS

As pessoas normalmente têm algumas manias que podem não ser muito bem explicadas, mas que servem para elas. Meu sogro tem um desses hábitos que funciona muito bem para ele. Funcionário de um banco, ele tem o costume de contratar um consórcio de veículo de tempos em tempos. Não se preocupa em dar lance ou em ser sorteado, tem ali um compromisso de pagar a parcela do consórcio e de, cinco em cinco anos, por exemplo, trocar de carro usando a carta.

Por não gostar de ter "dívida", essa foi a forma que ele encontrou para ter sempre o dinheiro na mão antes de comprar o carro. Trocou o financiamento por uma poupança forçada; mesmo sabendo que paga as taxas do consórcio, ele prefere a "poupança" dessa forma a juntar o valor por conta própria.

Um cliente certa vez me disse que fazia algo similar por um motivo simples: "Com o consórcio eu tenho a obrigação de pagar um boleto. Por conta própria, eu esqueço e abandono em poucos meses".

Como você já deve ter percebido, vou começar a falar das dúvidas rotineiras com um tema que o brasileiro adora: consórcios. Grosso modo, podemos comparar o consórcio a uma vaquinha. Sabe aquela reunião de pessoas para comprar algo? Exatamente como fizeram os funcionários do Banco do Brasil lá na década de 1960. Ah, não sabia? O consórcio, que envolve sorteios e lances em sua vigência, é uma criação brasileira. Isso mesmo. O modelo é 100% nacional e está no gosto das pessoas. Ele foi criado na década de 1960 por funcionários do Banco do Brasil. Com dificuldade de acesso ao crédito para o consumidor na época, eles se reuniram para criar um fundo que tivesse recursos suficientes para todos. Estava plantada a semente de um dos modelos de crédito mais disseminados pelo país.

O consórcio é um grupo de pessoas interessadas em ter um bem. Sem condição de comprá-lo imediatamente, elas se reúnem com os valores que têm para que o coletivo seja beneficiado, mas com algumas regras, obviamente.

As pessoas contribuem mediante pagamento de parcelas, geralmente mensais, para que a aquisição dos bens seja feita de maneira contínua. A organização fica por conta de empresas chamadas de administradoras, que são autorizadas e fiscalizadas pelo Banco Central. Para evitar problemas e golpes, é importante pesquisar bem antes da reputação da administradora. O Banco Central disponibiliza uma lista para essa pesquisa, assim você evita dores de cabeça caso decida contratar um.

No consórcio, há uma cotização e divisão dos valores entre os membros do grupo. São pagas parcelas em prazos definidos que formam o chamado fundo comum. Esse fundo é que será utilizado para a aquisição do bem ou do serviço específico de cada grupo.

Com os membros definidos e os valores estipulados, o consórcio passa a funcionar. Dessa forma, de acordo com a periodicidade prevista em contrato, a administradora sorteia um ou mais participantes para que possam utilizar parte do fundo, ou seja, adquirir o bem que é objeto do contrato. Nesse momento também é permitida a realização de lances, que, no caso de vencedores, são contemplados da mesma forma.

O consórcio mais popular no país é o de automóvel, mas não é o único. É possível fazer um consórcio para a compra de um imóvel, para máquinas agrícolas, viagens, casamentos, eletroeletrônicos, serviços. Há uma infinidade de possibilidades.

Se o consórcio é a reunião de pessoas que querem adquirir algo, e periodicamente esse algo é comprado e um participante beneficiado, então é fácil entender a divisão. Se o bem vale R$ 10 mil, e um item é comprado todo mês, então é necessário que a soma das parcelas seja R$ 10 mil todo mês. Se forem 20 participantes, cada um paga R$ 500 por mês e, todo mês, um item de R$ 10 mil é comprado. É isso, não é?

Não é tão simples assim. A prestação não se resume ao valor exato do objeto do consórcio. Entre os custos do modelo, estão taxa de administração, fundo de reserva e seguro. A taxa de administração é paga pelo serviço que a empresa que organiza o consórcio realiza; ela não é fixa e varia de caso a caso. Normalmente é calculada sobre o valor total do consórcio e diluída ao longo das prestações.

Já o fundo de reserva é utilizado como uma segurança em casos específicos. Ele pode ser acionado em momentos que membros deixam de honrar seus compromissos, o que diminui o saldo do fundo comum, pagamento de prêmio de seguro, pagamento de despesas, possíveis custos judiciais etc. Ao final do prazo do consórcio, o saldo é dividido entre os membros.

Como essa avaliação está na parte do "depende" do livro, você já deve saber que não há uma resposta pronta para dizer se o consórcio é bom ou ruim, não é? Assim como outros modelos de crédito, tem seus prós e contras. Alguns mais, outros menos. Porém, é uma opção que pode ser viável para muitas pessoas.

O grande ponto dele é permitir a aquisição de algo sem a necessidade de um valor elevado de entrada. É também uma forma de parcelar o pagamento sem pagar altos juros, mas esse caso funciona melhor com quem tem o montante necessário para dar o lance.

Na primeira situação, de quem não tem o valor de entrada, as parcelas podem ser mais aprazíveis e tranquilas. Evita o pagamento de altos juros e opta por um grupo que tenha os valores que caibam no orçamento.

Na segunda situação, quem já tem um valor considerável, que poderia ser dado como entrada em um financiamento, por exemplo, pode optar pelo consórcio para não ter que pagar a taxa de juros — nesse caso é preciso fazer a comparação entre os juros do financiamento e as taxas do consórcio. Com essa opção, a pessoa entra no consórcio já com o cálculo certo do valor para ofertar o lance — é mais fácil ter esse conhecimento em grupos que já estão em andamento.

A tática de dar o lance para ser contemplado funciona para eliminar a principal desvantagem do consórcio: a incerteza. Sem o valor, é preciso contar com a sorte para ter o bem, isso porque vai sempre depender do sorteio. Assim, se não for sorteado no começo do consórcio, pode passar um longo período pagando as mensalidades sem poder usufruir daquele bem. No financiamento, por outro lado, a utilização pode ser imediata.

Essa diferença de tempo pode fazer com que não seja tão vantajoso optar pelo consórcio. A partir de determinado ponto, ele passa a ser mais custoso; mas essa conta só é possível ser feita com o conhecimento das taxas e dos juros cobrados no consórcio e no financiamento.

É fácil de entender. Pense no casal que se casou e fez um consórcio para comprar o apartamento. Enquanto paga as prestações e espera ser sorteado, já que não tem o dinheiro para dar um lance considerável, precisa pagar também o aluguel de onde mora. Bem desvantajoso, não é?

Por outro lado, se o casal morar na casa de um dos pais, pode não ter o custo financeiro, mas terá o lado emocional, o convívio, o fato de não se sentir 100% em casa. É um custo que muitas pessoas não querem ter.

Não dá para esquecer que o consórcio tem seus custos, mas que, para muitas pessoas, esse é o preço a ser pago por garantir a organização. Como era com meu sogro, por exemplo. Para ele era mais prático e confortável pagar um consórcio por três ou quatro anos e, depois disso, trocar de carro sem ter um financiamento para pagar. Estava habituado a fazer assim, por mais que matematicamente seja mais vantajoso manter a poupança de maneira individual em um investimento, por exemplo.

Financeiramente é mais vantajoso e pode ser feito com um débito automático ou um boleto gerado todo mês, mas, lá no fundo ele sabe que, se apertar, pode deixar de pagar aquele valor mensal. Com o consórcio, há um compromisso externo que o mantém firme no plano. Para isso, paga o custo das taxas.

São pontos a se considerar antes de optar ou não pelo consórcio. Avalie o todo, incluindo seu momento, não fique somente na embalagem de bom ou ruim que um produto pode ter.

CASO A CASO: IMÓVEL

Quem casa, quer casa, diz o ditado. Mas como? Essa parte, ninguém acrescentou, e você que trate de descobrir.

O sonho da casa própria é algo que está enraizado na cultura do brasileiro. É histórico, e vamos carregando de geração em geração. Pode ser um efeito colateral dos anos de inflação descontrolada. A segurança vinha de saber que aquele teto era seu — mesmo que dividido em centenas de parcelas no financiamento.

Essa não é uma constatação de conversar com as pessoas, de observar o comportamento ou de tentar perpetuar um hábito antigo dos brasileiros, foi o que mostrou o Censo QuintoAndar de Moradia, uma pesquisa realizada pelo Instituto Datafolha e divulgada em fevereiro de 2022.

A pesquisa foi feita com as pessoas atribuindo notas de prioridades às possibilidades. De zero a dez, a casa própria recebeu 9,7 — mesmo patamar da profissão. Depois vieram estabilidade financeira (9,6), família (9,4), plano de saúde (9,2), religião (9), negócio próprio (8,8), carro (8,5), filhos (7,9) e casamento (6,9).

De acordo com a pesquisa, essa vontade e importância da casa própria é maior entre os jovens. Na faixa etária entre 21 e 24 anos, 91% dos entrevistados disseram ter o desejo de adquirir um imóvel. Entre aqueles com idade variando de 25 a 34 anos, o percentual foi de 90%. E o número foi diminuindo à medida que a faixa de idade aumentava: 88% de 35 a 44 anos, 86% de 45 a 59% e 81% acima de 60 anos. Mesmo decrescente, o desejo é forte em toda a população.

A vontade é grande, o problema é realizar o desejo, e é nesse ponto que muitas pessoas colocam os carros à frente dos bois. Tomam decisões e assumem compromissos que não deveriam ou que poderiam adiar por alguns anos. A compra de um imóvel é um caso clássico em que a razão e a emoção precisam estar afinadas. Puxar demais em um lado para satisfazer o outro geralmente resulta em problema. Por mais que seja um desejo profundo de toda a vida ter um imóvel para chamar de seu, jamais decida ouvir o emocional se:

- tiver que deixar de fazer a reserva de emergência para isso;
- for tirar o que está planejado para a aposentadoria. Sua residência não é sua aposentadoria;
- tiver que deixar de realizar sonhos e objetivos;
- a parcela comprometer demais seu orçamento mensal.

Em todas as circunstâncias, a decisão de comprar o imóvel vai gerar prejuízo em algum momento. Sem reserva de emergência, você perde a proteção que precisa ter. Se tirar do que seria a aposentadoria, quando chegar a hora de se aposentar, terá seu imóvel, mas como vai pagar as contas? Pode dizer que venderá, é verdade. Pode acontecer, mas a venda vai ser pelo preço que você quer ou pelo que se propuserem a pagar por você ter urgência? Se deixar de realizar sonhos e objetivos, só vai fortalecer a frustração de não poder fazer nada além de pagar o financiamento.

Ciente desse cenário prévio, a decisão de ter a casa própria é sucedida por outra dúvida: comprar à vista (algo raro no Brasil), financiar ou fazer um consórcio. A primeira opção é algo pontual e longe da realidade da maioria dos brasileiros — acredito, ainda distante para quem busca orientações e caminhos aqui no livro. Por isso, o foco está nas outras duas opções.

Entre financiar e entrar em um consórcio, além dos custos, há um ponto crucial: o tempo para receber. No consórcio, se não tiver o lance, precisa esperar ser contemplado. Enquanto isso, continua com os custos da moradia, além das prestações do consórcio, como expliquei anteriormente.

Entre esses dois itens, fiz uma simulação de uma compra em 175 meses. Esse prazo foi o escolhido para casa o financiamento com o consórcio no mesmo período. O imóvel teria um custo de R$ 200 mil, e a pessoa teria condições de pagar R$ 50 mil de entrada.

No cenário do financiamento, estipulei um custo efetivo total de 10% para o saldo devedor de R$ 150 mil, o que geraria uma parcela inicial de R$ 2.053,26. Nesse cenário, o total de juros pagos seria de R$ 105.258,65.

Tabela 2 – Simulação de financiamento

Financiamento de R$ 150 mil a uma taxa total de 10% ao ano				
Valor do imóvel	**Valor Financiado**	**Parcela inicial**	**Total pago em juros**	**Saldo final (entrada + financiamento)**
R$ 200.000,00	R$ 150.000,00	R$ 2.053,26	R$ 105.258,65	- R$ 305.258,65

Fonte: o autor

Com esses dados, é possível perceber que o custo total de financiar o apartamento é 52% maior que o valor do imóvel. Em um apartamento de R$ 200 mil, são pagos pouco mais de R$ 300 mil, mas, vale alguns adendos. É possível, nesse cenário, utilizar o saldo do FGTS para três possibilidades que, no final, podem reduzir o que saiu de seu bolso para fazer o pagamento. Destaco o saiu do bolso porque o FGTS é um dinheiro seu, não é uma caridade; de alguma forma, você pagou, mas houve uma redução nos juros.

O FGTS pode ser utilizado para:

- compra de imóveis e construção (como entrada do financiamento ou valor total);
- amortização ou liquidação do saldo devedor;
- pagamento de parte do valor das prestações.

No consórcio, a conta fica um pouco diferente. Em uma simulação realizada em maio de 2022, a prestação ficaria em R$ 1.536,10. Só aí percebemos uma diferença para o valor da prestação inicial do financiamento, não é? São cerca de R$ 500 de economia no consórcio, mas essa economia pode nem existir de fato.

Os R$ 50 mil que a pessoa teria para dar a entrada no financiamento não seriam suficientes para ser contemplada em um lance. Então, não entra na conta das despesas (calma que vai aparecer já, já). Sem o lance, a pessoa dependeria da sorte para ser contemplada em um sorteio. Se não vier logo, terá que manter os custos da parcela do consórcio com o aluguel de onde mora, por exemplo, a não ser que more com os pais ou de favor. Tirando essas possibilidades, os R$ 500 de economia em relação ao financiamento podem ser R$ 500 a mais de despesas.

Por isso, a necessidade de avaliar caso a caso antes de determinar que uma opção é melhor ou pior do que a outra.

Aqui, para efeito de comparação, vamos supor que o jovem casal mora com os pais enquanto aguarda o sorteio do consórcio. Eles teriam, então, R$ 500 de economia em relação ao financiamento. Para que a opção do consórcio faça sentido, é preciso investir aqueles R$ 50 mil que seria a entrada e essa diferença. Isso mostra que será preciso disciplina durante os 175 meses do consórcio para que esse investimento seja feito de maneira constante e segura. Uma saída é optar por transferência automática todos os meses.

Tabela 3 – Simulação de consórcio

Consórcio de R$ 200 mil em 175 parcelas				
Valor do consórcio	**Parcela inicial**	**Custo total**	**Valores investidos (R$ 50 mil + 175 parcelas de R$ 300)**	**Saldo final (custo – investimento)**
R$ 200.000,00	R$ 1.536,10	R$ 286.817,50	R$ 223.379,04	-R$ 63.438,46

Fonte: o autor

Como base para calcular os valores investidos, foi utilizada uma taxa anual de 7% de rentabilidade. Essa teria que ser a média dos valores investidos ao longo dos 14 anos e meio de consórcio. Assim, é possível entender que o custo total do consórcio seria inferior em relação ao custo do financiamento, além de ter a possibilidade de investir o valor e, com isso, amenizar os gastos. Claro que sem levar em conta despesas com o aluguel durante o período que aguarda a contemplação da carta.

No entanto, você já deve ter levantado a mão por aí, as opções não se esgotam nessas duas. De ter a casa própria, não sendo herdeiro, talvez sim; mas de ter uma moradia, não. Existe o aluguel. Vamos entrar nele financeiramente então.

Assim como no caso do consórcio, a vantagem do aluguel vem do investimento da diferença em relação às outras opções. Precisa ser um ato constante durante anos para fazer o dinheiro render. É uma disciplina que muitos não conseguem ter, mas que a transferência automática pode ajudar a resolver. Esse será o patrimônio ao final do tempo; enquanto no consórcio e no financiamento, você tem o imóvel

Para calcular o valor do aluguel, utilizei como base 0,6% do valor do imóvel. A diferença para o financiamento é de R$ 853, mas, assim como não coloquei o total no consórcio, optei por R$ 600 como investimento mensal. Sempre lembrando que é o cenário ideal, não o que acontece porque muitas vezes a opção pelo aluguel vai por encaixar a parcela nas receitas.

Tabela 4 – Simulação de aluguel

Aluguel de apartamento			
Prestação do aluguel	**Custo total**	**Valores investidos (R$ 50 mil + 175 parcelas de R$ 600)**	**Saldo final (investimento - custo)**
R$ 1.200,00	R$ 210.000,00	R$ 312.641,20	R$ 102.641,20

Fonte: o autor

Assim como não utilizei o valor máximo da diferença para realizar os investimentos, também não inclui nessa conta os possíveis reajustes na parcela do aluguel, que podem variar a depender do tipo de contrato que você assinar. A ideia aqui não é mostrar o quanto você pode lucrar exatamente nos centavos, mas fazer com que entenda a lógica das possibilidades.

No aluguel, com a disciplina do investimento mensal, o saldo final do processo é vantajoso. Serão mais de R$ 300 mil investidos, sendo R$ 210 mil gastos com as parcelas. O patrimônio financeiro após o período será vantajoso.

Contudo, há um ponto matemático que pode ter passado despercebido. Tanto no financiamento quanto no consórcio, ao final dos 175 meses, você tem o imóvel como seu patrimônio. No aluguel, não. Fora isso, não é todo mundo que permanece 14 anos e meio morando no mesmo lugar. O aluguel dá uma flexibilidade maior para essas mudanças, mas a venda pode permitir uma redução da taxa de juros paga. Porém, a compra e venda exige o pagamento de taxas e impostos, algo que não existe no aluguel.

Essas são as questões racionais dessa decisão. Como você pode ver, são muitas variáveis a serem observadas. Sem a disciplina ou a condição de fazer esse investimento, a vantagem matemática do aluguel perde força.

Aí entra o outro lado da decisão: a emoção. É comum ter o sonho da casa própria. Há quem não se sente bem com aluguel. Não há certo ou errado. Somos produtos do meio em que vivemos, refletimos desejos e costumes de nossos pais, então é normal que essa relação seja refletida também no pensamento sobre ter ou não a casa própria. Isso deve ser respeitado, o ideal é juntar a emoção e a razão para decidir.

São visões gerais que devem ser aprofundadas em cada caso a depender das condições, prioridades e necessidades de cada um, mas dá para entender que não existe uma resposta padrão e que essa decisão vai muito além da matemática.

De qualquer forma, fica aqui para você uma base do que deve comparar financeiramente para ter o cenário mais específico para seu caso.

Financiamento de R$ ______ mil a uma taxa total de __% ao ano

Valor do imóvel	Valor Financiado	Parcela inicial	Total pago em juros	Saldo final (entrada + financiamento)

Consórcio de R$ _____ mil em ___ parcelas

Valor do consórcio	Parcela inicial	Custo total	Valores investidos	Saldo final (custo - investimento)

Aluguel de apartamento

Prestação do aluguel	Custo total	Valores investidos	Saldo final (investimento - custo)

CASO A CASO: VEÍCULO

Comprar ou alugar não tem sido uma dúvida exclusiva aos imóveis; é bastante comum ter o mesmo pensamento em relação aos automóveis. A possibilidade de ter um veículo por assinatura tem sido bastante atrativa. Além dela, a dúvida inclui a utilização de transporte por aplicativo e, nas cidades onde funciona de maneira digna, o transporte público.

Antes de qualquer consideração em relação a esse tópico, é preciso entender se no seu caso o carro é um ativo ou um passivo. Claro, que é passivo, vão gritas alguns. Não necessariamente, respondo. Na maioria dos casos, é verdade, o carro é um passivo. Nos gera despesas e ainda temos a depreciação do veículo — exceto o que ocorreu entre 2021 e 2022 como efeitos da pandemia e da escassez de *chips*. Algumas pessoas precisam do veículo para gerar renda. Logo, ele é um ativo.

Essa é a primeira pergunta a ser respondida. No caso de passivo, podemos avançar no tema. Sendo ativo, não há muito o que discutir. Se precisa do veículo para ganhar seu dinheiro, não há qualquer alternativa a não ser ter um. Talvez alternar entre a propriedade e a assinatura. Falarei disso mais adiante.

Vou dividir esse tema em duas partes. Na primeira a decisão entre ter ou não um carro. Na segunda, a avaliação entre a compra e o uso de um veículo por assinatura.

A definição do meio de transporte mais apropriado não pode ser genérica, tampouco fixa para todas as pessoas. Para decidir, é preciso considerar muitas questões pessoais, como habilidade e disposição para dirigir, necessidade do uso de um carro e distância percorrida diariamente. Além disso, existem os pontos específicos relacionados ao veículo, ao custo da tarifa do táxi ou Uber, ao valor do transporte público. São custos que diferem de cidade para cidade.

Em relação ao carro próprio, os itens considerados são o valor, a depreciação dele ao longo do tempo, seguro, IPVA, estacionamento, combustível e manutenção. Também tem o custo de oportunidade, que é o que você poderia ganhar caso investisse o dinheiro ao invés de gastá-lo para comprar o automóvel.

Como quase tudo que envolve uma decisão financeira, tem o lado afetivo. Há quem goste de ter cuidado com um veículo, há quem goste de dirigir, há quem sinta prazer em ter um carro, cuidar, equipar e utilizar.

Esse é um ponto que pesa na balança muito mais do que a matemática. Há também quem enxergue o carro como uma forma de ter mais liberdade, comodidade e flexibilidade, sem a necessidade de ter que pegar um transporte público ou esperar a chegada de um carro por aplicativo ou táxi.

Por outro lado, há quem enxergue o tempo gasto no trânsito dirigindo um carro como perda de tempo. Quem utiliza aplicativo, táxi ou transporte público pode encontrar ali um momento para leitura, para estudar, para relaxar com uma série no celular ou resolver problemas respondendo e-mails, por exemplo. Muitas pessoas ganham tempo ao optar por não dirigir.

Além disso, a decisão de não ter um carro abre a possibilidade de ter ganhos financeiros de outra maneira, além de investir o valor inicial que utilizaria para a compra. Quem mora em prédios ou condomínios tem a possibilidade de alugar a(s) vaga(s), gerando uma renda extra que pode ser utilizada, inclusive, para o pagamento do transporte mensal.

Assim como falei anteriormente sobre o carro ser um ativo ou um passivo, outra pergunta que pode ser feita para decidir ter um carro ou usar outro tipo de transporte é se aquela aquisição é uma necessidade ou um luxo.

Comprar um carro muitas vezes se mostra uma prova social. A pessoa deixa de pagar contas, deixa de comprar o básico para ter em casa, mas anda na rua com um carro novo. É status. É extremo, mas acontece. A pergunta aqui não se encaixa em quem vê no veículo uma forma de se afirmar ou tentar se incluir em determinado meio de amizade ou profissional.

O ponto levantado é se ter o carro é realmente necessário ou a posse dele poderia ser descartada. Em muitas cidades do país, por exemplo, o transporte público não funciona nem para o mínimo necessário. Em outras, a realidade dos transportes por aplicativo pode não ser tão favorável.

Por outro lado, algumas pessoas usam o carro para trabalho, podem rodar bastante por serem representantes de alguma marca, podem distribuir algo, fazer entregas... São condições especiais que exigem um olhar especial.

Se o uso do carro é para ir ao trabalho diariamente, por exemplo, fazer essa conta faz todo sentido. Em distâncias curtas, ter um carro é desfavorável. À medida que a quilometragem aumenta durante o mês, o carro passa a ser mais vantajoso. Já quem usa o carro somente para lazer nos finais de semana pode, muito bem, substituir por outra opção, como o aluguel.

Não há certo ou errado, mas questões e necessidades pessoais. O ponto é não encarar uma única possibilidade como certa e entender os cenários. Às vezes você aceita pagar o preço para ter um carro, sabe que vai gastar mais, mas ainda assim entende que é o melhor a se fazer naquele momento. Tudo depende.

Caso decida ter um carro para utilizar, a pergunta vai ser entre comprar um ou utilizar o modelo de assinatura. Essa é uma possibilidade que ainda encontra certa resistência pelo sentimento de propriedade que está enraizado entre os brasileiros. Somos uma sociedade que valoriza e enaltece a posse. As pessoas são julgadas pelo que têm, não pelo que são.

Essa cultura tem sido modificada aos poucos nas últimas décadas, mas é um processo lento. Seja com imóveis, seja com automóveis, muitos ainda precisam ter o conforto de saber que aquele bem "é meu". A mudança tem acontecido com as novas gerações.

Uma pesquisa de 2019 da consultoria empresarial Delloite mostrou que 56% dos jovens brasileiros não enxergam como primordial a compra de um veículo. Esse novo cenário facilita a propagação das empresas que oferecem serviços de carro por assinatura. Mas, de fato, como funciona isso?

Paga-se uma mensalidade e, em troca, tem-se o direito de usufruir daquele bem. No caso dos carros, os valores variam de acordo com o modelo e as condições da economia. Antes da pandemia, o custo mensal da assinatura de um carro mais simples girava em torno de R$ 850,00. Em 2022, não se achava por menos de R$ 1.200. A assinatura é feita por um prazo de 12 ou 24 meses e com opções por quilometragem rodada. O mais comum é o limite de 500 km por mês. Qualquer coisa acima disso gera um valor extra.

Com a assinatura, a responsabilidade do cliente é de pagar a mensalidade, estacionamentos, combustível e possíveis multas. Manutenção, IPVA, seguro, emplacamento, entre outros custos fixos ficam com quem gera o serviço. Assim, o cliente se livra da parte burocrática e dos gastos extras. Entre esses gastos, estão inclusas as revisões obrigatórias.

Com esse cenário, posso elencar alguns pontos positivos ao optar por assinar um veículo:

- como o carro é da empresa que fornece o serviço, quem adere ao sistema não tem que lidar com questões de impostos, seguros, revisões etc. O único valor cobrado, além da mensalidade, é uma taxa de adesão. Fora isso, é abastecer e dirigir;
- como não há taxa de juros, não há gastos excessivos nas parcelas. Paga-se apenas pela utilização, o que exige um cuidado com os

quilômetros rodados. Assim, os valores ficam abaixo do de um financiamento, por exemplo;

- o contrato do aluguel permite ao cliente ter um carro zero em mãos dentro do prazo estipulado. Assim, você pode ter um veículo novo a cada 12 ou 24 meses;
- como existe a troca do veículo dentro do prazo estipulado, não é preciso se preocupar com depreciação; nem para seu uso, apesar de os custos serem da empresa, nem para revenda. É pagar a mensalidade e pronto.

No entanto, existem as desvantagens também:

- os contratos de aluguel são feitos com base em uma quilometragem específica. A maioria usa o limite de 500km por mês. Algumas têm o sistema cumulativo, em que um mês pode compensar o outro; mas, caso ultrapasse a marca, é necessário pagar uma taxa extra;
- o fato de ter a posse, mas não a propriedade, é um problema para quem tem a ligação com o bem, quem se sente mais confortável em saber que algo é seu. É também um bem a menos para se desfazer caso precise levantar dinheiro.

Com o entendimento do serviço de aluguel, você pode partir para a decisão e comparar o que é mais vantajoso em cada caso. Em relação à compra, é possível financiar, optar por um consórcio ou comprar à vista. Em relação aos números frios do caso, comprar à vista sai bem mais vantajoso do que assinar. Mesmo com os impostos e a burocracia, a conta fica favorável para quem vai comprar o veículo à vista e tem a possibilidade de revendê-lo mais para frente.

A balança, no entanto, muda de lado quando a aquisição do carro é por *leasing* ou financiamento. A taxa de juros embutida nessa operação faz com que o valor final pago seja muito maior, o que torna a assinatura uma opção mais viável e lógica financeiramente falando.

Essa diferença, inclusive, vai variar a depender da parcela que você tem condição de pagar pelo financiamento. Quanto maior o valor da parcela (e também da entrada) menor a diferença. Em alguns cenários, é possível que, financeiramente falando, seja mais rentável financiar, mas por uma diferença tão pequena que não vale a dor de cabeça. Quanto menor o valor da parcela do financiamento, mais favorável é ter o carro com o serviço de aluguel.

Uma pergunta que você tem que se fazer é: por mais que seja matematicamente melhor, eu consigo pagar R$ 900 por 24 meses sem me apertar? Terei que abrir mão de alguma coisa para isso?

Caso não veja problema em incluir um gasto desse montante no orçamento, vamos nessa! Porém, nem sempre é possível. Um financiamento pode ter uma parcela de R$ 400, R$ 500, o que deixa um valor considerável de folga no orçamento. "Ah, mas vou pagar mais juros lá na frente". É verdade, mas terá condição de manter suas contas em dia agora e não passar sufoco.

Não há uma resposta definitiva. São situações que devem ser analisadas seriamente em cada caso para entender o que é mais benéfico. Outro ponto é que quem tem dinheiro para dar de entrada e opta pela assinatura precisa deixar aquele dinheiro rendendo para que seja ainda mais favorável no longo prazo.

Por fim, qualquer decisão que tome, deve ser refletida e ponderada em diferentes cenários, sempre considerando um planejamento prévio do seu orçamento mensal e capacidade de honrar tais compromissos.

INVISTA POR OBJETIVOS

Então me diga, desses projetos que me falou, qual você consegue começar a se organizar agora para tirar do papel? E com quanto por mês?

Essa, geralmente, é uma pergunta que faço para os clientes após uma conversa sobre objetivos a serem realizados. Na lista entram itens, como casamento, troca de carro, ter um filho, casa própria, viagem etc., as mais variadas possibilidades. O intuito da pergunta não é contestar ou qualificar os desejos. Ela é feita depois que estipulamos os valores necessários para cada um e o prazo que a pessoa pretende realizar. Com isso em mente, vem a questão: quais desses consegue tirar o papel?

No geral, no começo do planejamento, a resposta é "não sei", e de fato as pessoas geralmente as pessoas não fazem a mínima ideia da resposta. Muito por causa da falta de organização financeira em suas vidas.

Essa dificuldade impede o bom aproveitamento da renda disponível. Como vimos há algumas páginas, é importante ter conhecimento geral do orçamento. Entender, ao menos, a visão macro das finanças é o primeiro passo para conseguir tirar os planos do papel. Não precisa anotar tudo em uma planilha ou aplicativo, mas é importante saber onde está e para onde vai suas finanças.

Ter essa organização é a base para colocar em prática os ensinamentos que foram vistos até aqui. É a possibilidade de arrumar a casa para decidir os movimentos que virão, como o dinheiro pode ser gasto ou quais as prioridades, por exemplo. Contudo, para que isso aconteça realmente, é preciso ter o conhecimento geral das próprias condições financeiras.

Aproveitando que estamos aqui, que tal você fazer o mesmo exercício? Vamos lá, pega um pedaço de papel, abre um documento no computador ou um aplicativo de texto no celular:

- Primeiro, liste todos os objetivos que quer realizar;
- Depois determine o prazo para cada um deles e separe em **curto** (até 18 meses), **médio** (até cinco anos) e **longo prazo** (acima de cinco anos);
- Com os objetivos e prazos definidos, estime de quanto vai precisar financeiramente para cada um deles;

- por último, divida o valor necessário pela quantidade de meses restantes para saber quanto teria que poupar mensalmente (ainda sem levar em conta qualquer tipo de rentabilidade).

Então me diga: desses projetos, qual você consegue começar e organizar agora para tirar do papel? E com quanto por mês?

TUDO TEM UMA BASE

Essa estrutura inicial é a base para que você consiga fazer seu planejamento financeiro de longo prazo. Com os planos no papel, você vai poder utilizar tudo o que aprendeu até aqui.

Gosto muito de fazer alusões com referências com referências do dia a dia de quem está do outro lado. Como não tenho o poder de saber quem tem este livro em mãos neste momento, utilizarei um exemplo que aceito ser de fácil entendimento para todo mundo. Vamos supor que sua vida financeira é uma construção que ainda está na planta; a ideia é levantar a casa. Para isso, o primeiro passo é garantir uma boa fundação; é a base de sustentação de sua casa. Do nosso lado, a fundação é a gestão financeira. Saber quanto ganha, quanto gasta, como gasta, quais são suas possibilidades. Sem essa fundação, pode até ser que você consiga levantar algo, mas dificilmente ficará de pé. O risco de tudo desmoronar estará sempre presente.

Para que a fundação — e o restante da casa — saiam do papel, é importante ter um bom mapa a seguir. Uma planta estruturada e completa. Nessa planta, temos dois campos: o primeiro com as orientações técnicas, aquelas que precisamos para cada tomada de decisão, foi o que vimos até aqui; o segundo com as projeções, aonde queremos chegar, o que será construído; os objetivos.

Na construção, precisamos unir os estágios da planta para fazer com que o que está no papel se transforme em realidade, e é aí, na hora de subir a edificação, que precisamos lançar mão de alguns instrumentos. Enquanto no lado real da obra, temos diversas ferramentas, cada uma com a sua utilidade; na vida financeira, temos essas possibilidades. Do carrinho de mão à escavadeira, do tijolo ao concreto, da chave de fenda à furadeira. Cada equipamento é utilizado em um momento e com um objetivo específico. É desperdício transportar um saco de cimento em uma retroescavadeira, assim como não é um martelo o mais indicado para derrubar uma parede. É preciso ter essas ferramentas à disposição e entender o melhor uso para cada uma delas.

O mesmo acontece com seu dinheiro. Nesse estágio de tirar a obra do papel, você vai precisar ter o conhecimento do que vai usar; se não sabe, delegar para quem conhece ou deixar de lado. Se você não cogita pilotar um trator par fazer sua casa, porque não tem as qualificações necessárias, por qual motivo aceita colocar seu dinheiro em algo que não conhece só por alguém ter dito que é bom?

Você já deve ter percebido que me refiro aos investimentos financeiros. São eles, os investimentos, que você utilizará para deixar a casa de pé. Aqui, esses investimentos não estão com o tom de multiplicar o patrimônio, enriquecer rápido ou algo do tipo. São possibilidades para que você consiga organizar e chegar aonde quer, mas com a consciência de que nem tudo é para todo mundo e que cada realidade vai determinar o que estará ao alcance de cada pessoa.

DESCONHECIMENTO

Se, para utilizar uma ferramenta, temos plena consciência de que precisamos do mínimo de conhecimento, para fazer seu dinheiro atender seus desejos não é diferente. Só que essa é uma realidade distante aqui no Brasil. De acordo com a 5ª edição do Raio X do Investidor Brasileiro, divulgado em 2022, 72% da população afirma não conhecer qualquer tipo de produto de investimento. Quando se fala nas classes D/E, o percentual sobre para 91%.

Ou seja, falando o português claro, as pessoas não sabem quais ferramentas estão à disposição para ajudá-las a colocar a casa de pé. Aliás, até pensam ter uma resposta pronta: a caderneta de poupança. Foi esse o produto mais citado na pesquisa, e, mesmo sendo o mais lembrado, teve apenas 23% das menções. Fundos, títulos privados, ações e outros itens ficaram abaixo dos 3% cada um, e com uma possibilidade bem brasileira concorrendo: guardar o dinheiro em casa, debaixo do colchão.

Fica evidente, dessa forma, que essa não é uma questão para ser resolvida da noite para o dia. São pontos falhos em diversos momentos da caminhada. Além da dificuldade socioeconômica, aqueles que têm a condição de ter uma melhor organização financeira, por muitas vezes, falham em um dos pontos, seja na gestão do dinheiro, seja nas decisões pessoais, seja na elaboração dos planos, seja na escolha das ferramentas para utilizar. O processo é longo, mas sem desespero; ele é possível.

Para fazer a planta se tornar realidade, você não precisar virar a pessoa com o maior conhecimento do mundo dos investimentos — esse pensamento vem acompanhado de uma ilusão que falarei em seguida. O necessário, e que eu defendo como o mais indicado para você que trabalha, tem sua família, seus compromissos e quer utilizar o dinheiro de maneira saudável, é ter entendimento suficiente para permitir enxergar um caminho. Inclusive, mostrarei uma forma de chegar a esse nível nas próximas páginas.

Contudo, vamos com calma que ainda temos alguns pontos para ver antes de chegar lá.

PÉS NO CHÃO

Dá para ficar rico?

Essa é uma pergunta recorrente quando o assunto são os investimentos. Muitas vezes, a imagem passada é a de que investir é o caminho mais fácil para chegar à riqueza. Posso até dizer que é verdade, mas para quem passa a mensagem, não para quem acredita nela. Essa é uma estratégia feita com propósito claro de atingir o sonho de quem não tem maiores conhecimentos sobre o mundo dos investimentos. Ao vender a ilusão de uma riqueza fácil, o número de pessoas atingidas é maior, sonhos são estimulados, mas nenhuma garantia é dada; nem tem como.

Esses discursos geralmente são feitos utilizando exemplos raros, casos específicos de pessoas que saíram da pobreza com os investimentos e transforaram suas vidas. Aquela maioria que ficou pelo caminho é ignorada, assim como certas características e particularidades daqueles casos que são a exceção que confirmam a regra. Não é tão simples assim enriquecer.

Para piorar, as propagandas que pipocam por aí têm quase sempre o tom de "basta você querer". Ou seja, se você se encantou pelo discurso (o que não é muito difícil, já que é feito para atingir o destinatário) e não repetiu o feito daquele exemplo pinçado estrategicamente foi por não ter se esforçado o bastante, não por ser algo com uma possibilidade ínfima.

Não passa de uma ilusão. Uma pura e bem trabalhada ilusão. Essa possibilidade de riqueza nada mais é do que isso: "Ninguém conseguirá". Não, não é isso o que estou dizendo aqui. Sempre há a exceção que confirma a regra, só não é algo rotineiro que pode ser alcançado com uma receita pronta, tanto a riqueza ilusória quanto a possibilidade da rápida e grande mobilidade social em um país como o nosso.

Existem bons exemplos de quem "saiu do nada" para conquistar a riqueza, mas são pontuais e geralmente ligados a talentos específicos; ou, quando não é o caso, fazem parte de uma lista que cabe nos dedos das mãos em oposição aos milhões que vivem em outra realidade.

O "venci na vida" é sempre desejável quando reflete uma trajetória de conquistas e grande mudança socioeconômicas. É o cenário ideal, conquistado por poucas pessoas. Porém, a expressão pode ser encarada também como a satisfação de quem conseguiu ter um futuro acima do que era esperado. Pode não ter tido grande mobilidade social, mas se ajeitou, conquistou o que queria, até mesmo o que não imaginava, e de quebra encaminhou a vida dos filhos. Venceu na vida.

O que fiz, nos parágrafos anteriores, foi mostrar a realidade sem firulas. Não é por se organizar financeiramente e começar a investir que você vai enriquecer. Muitas pessoas, aliás, não vão nem chegar ao ponto de grandes investimentos; vão se organizar financeiramente e estarão muito bem com isso. Pode ser o seu caso, e saiba que não há nada de errado nisso. Também não quer dizer que você deve ignorar ou não buscar conhecer possibilidades de, após a organização financeira, cuidar melhor do dinheiro que é seu. Nunca se esqueça que é o seu dinheiro, o seu patrimônio.

Seguindo as diretrizes que levo na educação financeira, o que você vai encontrar a seguir não é nenhum guia pronto e replicável de investimentos, tampouco promessas de ganhos absurdos. Vou falar, da maneira mais didática possível, sobre aquilo que acredito ser a maneira mais saudável para pessoas comuns administrarem seus investimentos. Saudável e democrática. Os conceitos podem ser aplicados por quem tem milhões ou por quem apenas quer juntar um dinheirinho.

CAIXINHAS E OBJETIVOS

Rosana e Fabrício chegaram para o planejamento financeiro por indicação. Bem resolvidos profissionalmente, eles buscavam uma melhor orientação para os investimentos. Planejavam engravidar em breve, pensavam na compra de um imóvel e queriam iniciar um planejamento para a aposentadoria. Eram esses os objetivos que tinham e falaram na primeira reunião.

O que queriam estava bem claro para eles. Sabiam aonde queria chegar, só não tinham a certeza se o caminho que percorriam era o certo. Conversamos para que eu pudesse conhecer melhor o casal, passamos pela gestão financeira e estava tudo bem-organizado por lá, olhamos os riscos da vida real e revisitamos os objetivos. Tudo seguia dentro dos conformes até o momento que perguntei sobre os investimentos e recebi uma planilha daquelas repleta de nomes, dados, percentuais e muitas, mas muitas, linhas preenchidas.

Se não me falha a memória, eram quase 50 produtos de investimento. Tinha de tudo lá, de título público a debêntures, de fundo de investimento a ação de empresa em recuperação judicial. Uma miscelânia de causa espanto.

Minha primeira pergunta foi para buscar entender o que os levou a ter parte do patrimônio deles em cada um daqueles produtos. "Fui vendo pela internet", me respondeu Fabrício. Rosana, por sua vez, acrescentou que alguns itens eram indicação de uma amiga do trabalho, que estava em um grupo de pessoas que investia e sempre tinha boas dicas para dar.

Não entrei na questão de avaliar se as "boas dicas" eram de fatos boas ou não. Naquele momento não era esse o ponto crucial da conversa. Lembro-me de ter olhado umas duas ou três vezes a lista de ativos e engatado a pergunta:

"Para que vocês têm cada um desses investimentos? Em quais objetivos cada um deles será utilizado?"

"Ih... precisa saber isso, é?", respondeu Fabrício com uma cara confusa.

Sim, precisa.

E, falando para você com os olhos nestas linhas, se já tem a possibilidade de investir, que tal dar uma pausa e ver os produtos que têm para se fazer a mesma pergunta? Para que você tem cada um de seus investimentos? Em quais objetivos cada um deles será utilizado?

Ter uma carteira de investimento repleta de produtos é bem mais comum do que pode imaginar. Vai investindo sem muito critério e, quando olha no aplicativo da corretora, não entende muito bem o que é aquilo ali. É bem comum.

Pior do que manter a miscelânia formada é não entender o motivo de cada ativo estar ali. Se você não vive ou não trabalha no mercado financeiro, não tem razão para ser esse acumulador de investimentos. Vou além, não considero ser o mais indicado manter uma carteira de investimentos inflada em que a única coisa que você sabe dela é que quer mais e mais rentabilidade, mas não sabe a qual custo. Deixa eu contar uma coisa: dificilmente esse desejo da rentabilidade vai ser saciado no longo prazo.

O que fazer então, Raphael?

O mais indicado para aquele grupo que chamo de pessoas físicas comuns, gente como a gente, é usar um método bem familiar para investir: separar o patrimônio em caixinhas. Sabe aquela prática de usar "caixinhas" para o dinheiro do mês? É bem similar, só que agora pensando nos investimentos.

Quer trocar de carro daqui a dois anos? Busca produtos que se encaixem nas características necessárias. A compra de um apartamento em dez anos? O mesmo. A viagem ao final de cada ano? Faz a mesma coisa. Aposentadoria? Bem, você já sabe.

Você pode dizer que não tem nenhum objetivo tão grande assim. Não precisa ser nada grandioso. Você pode utilizar caixinhas para qualquer movimento em sua vida que necessite de dinheiro; é uma forma de organizar, entender o que está sendo feito e, acima de tudo, manter a disciplina e motivação. Ao saber o porquê de investir em cada produto, é mais fácil manter viva aquela palavra tão em moda ultimamente: engajamento.

Ainda assim, você pode não ter nada em mente para poder separar nas caixinhas — duas delas eu adianto: reserva de emergência e aposentadoria. Não tem mais nada no momento? Não tem problema. Não vai deixar de investir (se puder) por isso. Mantém a carteira geral, sem um objetivo definido, mas sabe que ela está cumprindo um papel específico, não sendo apenas um reflexo da busca do retorno pelo retorno.

Esse método de separar os investimentos em caixinhas não é novidade. Ele é mundialmente conhecido como Goal-Based Investing, GBI para os íntimos. Em tradução quase literal, é investir por objetivos. Falarei mais detalhadamente sobre ele adiante. Antes, no entanto, a atenção vai para algo que deve ser prioridade, optando ou não por utilizar o método das caixinhas.

RESERVA DE EMERGÊNCIA

Em janeiro de 2022, aproveitei uma manhã de sábado para sair com minha esposa e meu filho. O dia estava um pouco nublado, sem o sol característico de Salvador, mas, ainda assim, fomos dar uma de turistas no Centro Histórico. Era para ser um passeio tranquilo em família, mas hoje, 11 meses depois que escrevo este trecho do livro, aquela manhã de sábado ainda gera consequências.

Estávamos no final do passeio quando sofri uma tentativa de assalto. Eram quatro ou cinco rapazes. Um deles tentou levar minha corrente enquanto os outros nos rodeavam. No reflexo, segurei a mão dele quando se aproximou de meu pescoço. Caímos, rolou uma confusão e, quando me levantei, lembro-me de pegar no pescoço para conferir a corrente no lugar, perceber que tinha um relógio em minha mão (era do assaltante) e me assustar com a imagem do meu dedo.

"Ó pra isso, quebrei meu dedo", reclamei na hora.

E não foi mera expressão, sofri uma fratura grave no dedo anelar da mão esquerda. O ocorrido foi no dia 22 de janeiro de 2022. Transcrevo esse trecho para o computador no dia 21 de dezembro de 2022. Por causa das cirurgias, tive que escrever boa parte do livro em um caderno, este trecho, por exemplo, escrevi à mão no dia 31 de agosto, quando me preparava para a quarta cirurgia no dedo. Com tudo isso, você deve imaginar, passei boa parte do ano sem poder usar a mão esquerda. Sem digitar, inclusive, o que atrasou muito os planos que tinha com este livro, por exemplo.

No entanto, o foco que quero dar aqui é em outro ponto. Quando sofri a tentativa de assalto, equilibrava o papel de planejador financeiro com o de jornalista CLT. Com isso, sem poder trabalhar, fiquei afastado pelo INSS, menos mal. Porém, você deve lembrar que cirurgia geralmente requer um trabalho de reabilitação; imagina cirurgias, no plural. Pois é, foram muitas sessões de fisioterapia — até agora, em dezembro, mais de 50 — e muito dinheiro gasto nisso.

O que me deu tranquilidade para manter o estilo de vida e poder pagar a fisioterapia sem dor de cabeça foi ter uma reserva de emergência. Tão falada, tão comentada, mas tão pouco levada a sério, a reserva de emergência só é valorizada, de fato, quando é necessária. Foi fundamental para mim, durante 2022, por causa da fratura do dedo. Para muitos brasileiros, ela foi a salvação durante o auge da pandemia do coronavírus. Quando quase tudo fechou e a fonte de renda secou, foi a reserva — ou deveria ter sido — que ajudou a segurar a barra. Nos momentos de calmaria, ela pode não ser muito valorizada, mas, quando o cinto aperta, agradecemos por tê-la por perto.

AS DIRETRIZES

Já vimos que a reserva de emergência existe para nos dar tranquilidade e segurança nos momentos mais complicados. Esse é seu objetivo. Não faz sentido que essa tranquilidade venha à custa de muita dor de cabeça; a reserva de emergência deve ter a tranquilidade como companheira na idealização, na montagem e na eventualidade de seu uso.

O processo precisa ser simples e prático. Nada de muitas invenções, nada de uma arquitetura sofisticada demais; isso só vai gerar trabalho na hora de montar e, possivelmente, dificuldade no momento de utilizar, o que complicaria ainda mais a situação de quem já tem a necessidade de um suporte para passar por um momento delicado.

Com essa lógica, o primeiro ponto a ser entendido e descartado em relação à reserva de emergência é a busca por rentabilidade. Essa é uma palavra que não deve estar presente nesse momento. Claro que, ao menos, corrigir o dinheiro pela inflação é importante, mas não é esse o foco nessa parte da carteira. Isso não quer dizer que, a depender do tamanho de sua reserva, você não possa dividi-la em produtos para amenizar o impacto da inflação, mas não vamos complicar, não é verdade? Faz o simples, o básico. Deixa para buscar a rentabilidade em suas outras caixinhas. Aqui é para ter o dinheiro à mão quando for necessário.

Para isso, elenco quatro pilares para a montagem e utilização da reserva de emergência. São premissas básicas para seguir e que deixarão você livre para se preocupar com os outros campos de seu patrimônio: tamanho, como formar, onde guardar e como usar.

TAMANHO

Esse é um campo que gera muito debate, teoria e regras rígidas. Como você pôde observar até aqui, não gosto de determinações fixas que têm de ser seguidas por todas as pessoas sem sequer observar particularidades. É comum encontrar receitas de reserva de emergência com o montante total de seis a 12 meses das receitas (para quem é assalariado) ou do custo de vida (para quem é autônomo ou tem a renda variável). Em alguns locais, esse montante varia de três a 12 meses.

É uma receita que nos dá um número definido e, por isso, sacia nosso desejo de respostas objetivas. Quanto mais segura for a sua fonte de renda, menor o prazo; quanto mais arriscada for, maior o montante que você deve ter guardado. Além de resolver o problema do "o que eu preciso mesmo?", é um bom primeiro passo para ter uma direção, mas não podemos nos esquecer da realidade. A teoria pode ser simples, mas a prática não é tão mole assim. Se já é difícil fechar o mês no azul, imagina juntar três, seis ou 12 meses do custo de vida. É quase irreal diante da realidade da maioria dos brasileiros; irreal e desestimulante. Ao colocar uma meta inatingível dessa forma, a reação natural é encarar como "isso não é para mim", largar de mão e deixar de ter algo importante para momentos complicados.

Por isso, em vez de receitas de bolso, adapte à sua realidade. Comece com o que é possível, não com o que dizem ser obrigatório. Para tanto, pense e responda à seguinte pergunta:

"Qual valor me deixaria confortável?".

Esse seria seu objetivo inicial, mas comece aos poucos. Inicie com o que for possível para sua realidade. Se o orçamento está apertado e só tem condição de guardar R$ 20, faça assim. O importante nesse caso é guardar; o menor valor que seja vai trazer segurança no seu dia a dia. Você vai saber que, caso algo saia do planejado — e vai sair —, tem uma reserva para socorrer. É uma sensação boa.

Comece dessa forma e, à medida que for possível, aumente até chegar à reserva de emergência ideal para você. Na ideal, pode considerar aquela regra do três a 12 meses a depender do risco de sua fonte de renda. Essa é a reserva ideal, mas comece com a possível.

COMO FORMAR

Você pode ler este tópico e logo responder: guardando dinheiro, lógico. Sim, é verdade, só não é tão simples assim. Nesse ponto, já temos como premissa que você tem a folga necessária no orçamento para montar a reserva possível. O natural é que, mês após mês, você faça uma transferência para o local onde a reserva será montada. É o que fazemos normalmente; é, na maioria dos casos, como falhamos.

Falhamos porque é um modelo que depende de nosso humor, nossa energia, nossa disposição. Precisamos nos lembrar todo mês de fazer a transferência. Pode colocar um alarme no celular para não esquecer, mas aí você está em uma reunião, o chefe falando e olhando em sua direção, e o lembrete de transferência pipoca na tela do aparelho. Depois do susto, sua primeira reação é silenciar a notificação para não chamar atenção e não receber nenhuma bronca. A reunião acaba, as demandas aparecem, o trabalho segue e lá se foi a lembrança da transferência. É natural, não temos condições e energia para lembrar tudo e manter a disciplina sempre.

Com essas falhas acontecendo de maneira recorrente, o plano vai por água abaixo. Para evitar esses tropeços, uma boa saída é programar transferências automáticas. Se o banco não cobrar taxas, já manda direto para o local de destino; se tiver taxa, cadastra a transferência para a própria conta poupança. O importante é fazer com que o processo seja automatizado e não dependa de sua lembrança, disciplina ou bom humor.

ONDE GUARDAR

Esse é o ponto em que muitos quebram a cabeça sem a necessidade. Como disse antes, a reserva de emergência não é o local para buscar rentabilidade; o básico aqui é encontrar segurança e liquidez. São os dois pontos cruciais para definir onde a reserva de emergência deve ser formada.

Ter uma boa rentabilidade é sempre agradável. A questão é que, nesse caso, não é um critério eliminatório para decisão.

Desse modo, ficam a segurança e a liquidez. A segurança é referente ao risco do emissor do investimento, ou seja, a possibilidade de um calote e sobre a volatilidade, que é aquele sobe e desce da bolsa de valores ou de muitos tipos de produtos da renda fixa. Precisa ser algo que te dê previsibilidade e reduza ao máximo o risco de, na hora da emergência, você ter à disposição menos do que colocou lá. Já quando se fala de liquidez, não me leve a mal achando que vamos entrar no mundo das bebidas aqui; não é isso. A liquidez é, basicamente, a capacidade que se tem de transformar aquele número na tela do computador ou celular em uma conta paga na vida real. Quanto mais rápido, melhor.

Existem alguns artifícios que podem ser usados, mas estamos falando aqui de praticidade e tranquilidade, não é mesmo? Em uma emergência, você poderá esperar 15 ou 20 dias para ter nas mãos aquele dinheiro necessário em momentos inesperados? Geralmente não.

Tendo em mente esses dois pré-requisitos básicos, esses sim com caráter decisivo, fica mais fácil entender quais os produtos que se encaixam.

Não sobram muitos, é verdade. Os mais indicados para a função são: poupança, CDB com liquidez diária (de pelo menos 100% do CDI), fundos DI taxa zero ou o Tesouro Selic.

Desses, talvez a poupança tenha lhe causado surpresa por conta da rentabilidade inferior. Já resolvida a questão que você não deve se preocupar com rentabilidade por aqui, talvez seja na poupança que melhor se apresente o combo segurança e boa liquidez. O risco de um novo confisco é extremamente baixo, a segurança é alta e a facilidade de ter o dinheiro nas mãos é enorme. A qualquer hora do dia, em qualquer dia da semana, você consegue ter acesso ao dinheiro que está lá. Por isso, a caderneta de poupança é sim uma boa opção para guardar sua reserva de emergência.

COMO USAR

Ao ler o título do tópico, você vai responder com toda razão: em uma emergência, cara pálida. Fácil, não é? Na teoria, sim, mas não é bem isso que percebemos na prática. Para muitas pessoas, a reserva de emergência termina sendo uma muleta para não controlar as contas e manter frouxa a rédeas dos gastos.

É um erro pensar na reserva de emergência como um auxílio para fazer a conta fechar no fim do mês. Se você consegue ter uma reserva de emergência, esse é um ponto a se comemorar, não jogue pelo ralo. Um erro muito comum é quando não se quer mudar os hábitos mesmo após perceber que não terá dinheiro suficiente para todo o mês. "Ah, se apertar memo, eu pego um pouco lá da reserva".

Um pensamento isolado assim não gera prejuízo. O problema é que ele termina sendo um vício. "Faz sentido me controlar se tenho aquele dinheiro lá guardado?". Faz sim. A reserva de emergência (desde que você tenha condição de montar sem se complicar) não é para ser utilizada como suporte para manter um estilo de vida que já não cabe em seu salário, tampouco deve servir como fonte de custeio para viagens, férias ou programações de qualquer outro tipo. Não é para isso que ela deve existir.

Caso você faça rotineiramente um dos usos que falei há pouco, saiba que existe um grande risco de, no momento necessário, não ter reserva suficiente. Na hora de uma emergência, aqueles momentos em que a situação sai do controle, quando o inesperado acontece, quando um ocorrido foge do que podia ser previsível para o mês. É um colchão para dar tranquilidade e evitar que o orçamento mensal seja prejudicado em função de algo inesperado.

Esse deve ser o uso da reserva de emergência.

INVESTIR POR OBJETIVOS

A reserva de emergência é o ponto básico para qualquer pessoa, pois dará segurança para o dia a dia e, consequentemente, para a realização de projetos e outros investimentos. No mundo ideal, qualquer outro objetivo só deve ter início após a conclusão da reserva de emergência.

Contudo, a realidade é um pouco (pra não dizer muito) diferente. Não há como negar que montar a reserva de emergência está longe de ser uma atividade instigante, que você vai dormir e acordar pensando nisso com empolgação; não é. Ela é necessária, mas não conheço ninguém que, na conversa no boteco, enche o peito para dizer como está a reserva de emergência.

Essa empolgação (ou falta dela) reflete-se no comprometimento com o plano, por isso, na vida real, você não precisa esperar preencher completamente a reserva de emergência para dar os outros passos. Dá para conciliar os dois momentos, desde que a reserva esteja em um patamar que ofereça o mínimo de tranquilidade.

A questão fica sobre como serão esses passos. É comum ver pessoas investindo, ou melhor, "aplicando o dinheiro" delas, com base no que falam amigos, primos, vizinhos, o que encontram na internet e, principalmente, atrás daquele investimento da moda.

Não que seja uma questão de certo ou errado, mas é um costume que não tem um ponto de chegada. Lembro-me de quando era mais novo e competia na natação, meu pai sempre batia na mesma tecla: "Você tem que ter um objetivo. Se você não sabe aonde quer chegar, vai ficar rodando na piscina à toa. Não vai evoluir, só perder tempo".

Na época, como bom adolescente, não entendia a profundidade da fala, hoje dou razão e aproveito para compartilhar com vocês. Nos investimentos, também é assim.

O mais comum é ler ou ouvir algum que fala de carteira de investimentos apenas pela rentabilidade dela, e vai amontoando produtos sem saber direito o motivo de colocar o suado dinheiro ali. O foco fica em buscar uma rentabilidade cada vez maior para poder se gabar com os amigos. Você pode dizer que esse é o objetivo, mas na verdade é uma gana que cega e abre os caminhos para riscos cada vez maiores e, com isso, a possibilidade de grandes perdas.

Ter um objetivo real, como meu pai me alertava lá na infância, muda bastante esse cenário. O pensamento deixa de ser sobre quantos porcentos a carteira rendeu em um dia, uma semana, um mês ou um ano. O foco não estará aí. O pensamento passa a ser: atingi meu objetivo?

Na verdade, objetivos, no plural. Com isso em mente, qual teria sido a carteira mais satisfatória?

- Rendeu 6% ao ano por 15 anos;
- Rendeu 8% ao ano por 15 anos;
- Rendeu 15% ao ano por 15 anos;
- Permitiu alcançar os objetivos.

Na quarta opção, pouco importa qual foi a rentabilidade da carteira, encará-la como bem ou malsucedida vai depender se aquilo que foi proposto em cada caso foi alcançado. Esse é o parâmetro de avaliação. Não se trata de rentabilidade, portanto, mas de estilo de vida.

Faço aqui um parêntese para uma ponderação específica. No caso da aposentadoria, podemos encarar um pensamento numérico, não seria especificamente sobre a rentabilidade, mas a busca de valorizar o patrimônio acima da inflação. Manter e elevar o poder de compra ao longo dos anos; ou podemos encarar a carteira de aposentadoria como aquela que busca alcançar um determinado estilo de vida. Olha o objetivo aí.

Vamos deixar a aposentadoria um pouco de lado. O último capítulo será 100% dedicado a ela. Vamos voltar a falar sobre o que vem antes do objetivo final.

Organizar seus investimentos por objetivos é uma forma de ter mais clareza e tranquilidade, pois você sabe o que está sendo feito e o que esperar de cada parte. Podemos até chamá-las de gavetas. Seguiremos assim. Você sabe o que vai encontrar em cada gaveta, só precisa entender o que deve ser enviado para cada uma delas. Para isso, seria bom responder as seguintes perguntas:

- Quanto precisa estar ao alcance das mãos?
- Quanto precisa estar à disposição para um prazo mediano?

- Quanto você pode colocar lá e "esquecer" por dez ou 15 anos?

São questionamentos iniciais, ainda genéricos, mas que darão um norte na hora de organizar as gavetas. Será a partir dessas respostas que você poderá deixar as gavetas bem arrumadas e com boa utilidade. Desde aquela fácil de abrir e acessível às que ficam mais distante do braço.

GAVETA AO ALCANCE DAS MÃOS

Deixe um pouco as finanças de lado e vamos para a praticidade do dia a dia. Pense em sua cozinha por um instante. Nesse ponto, torço para você ter uma cozinha minimamente estruturada. Agora, lembre-se da rotina ao cozinhar. O que precisa estar ao alcance das mãos?

A disposição dos móveis e utensílios domésticos é bem variada de casa para casa, mas um ponto é praticamente unanimidade em termos de localização. Por praticidade, algo sempre fica ali a uma esticada de braço. Pode ser no meio, na direita ou na esquerda, mas os garfos, colheres e facas estão sempre ali no topo das gavetas. Mesmo quando não se tem armários, está lá uma caixa ou vasilha bem próxima das mãos. Isso acontece de maneira automática, sem muito estudo, mas por uma questão básica: praticidade. Precisamos constantemente desses itens, então não faria sentido mantê-los lá embaixo ou no alto, exigindo algum esforço a cada utilização.

Esse é o pensamento que você precisa ter para aqueles objetivos que devem ser realizados em até dois anos. O valor para eles deve estar sempre ao alcance das mãos. Aí seria natural você perguntar: "Está falando da reserva de emergência, Raphael?".

Se fez essa associação, fico feliz e já te parabenizo. É essa mesmo a lógica da reserva, mas não quero falar dela aqui. Pela minha experiência, o melhor a fazer é separar a reserva dos objetivos; a lógica da teoria é a mesma — liquidez, segurança e previsibilidade. Porém, como o comportamento e o psicológico são muito importantes quando se trata de finanças, é melhor separar. Os valores dos objetivos devem ser sacados quando for o momento, já a reserva de emergência não tem um prazo definido. Então, na dúvida sobre como será seu comportamento, é melhor separar.

Como você já sabe, os pré-requisitos são similares aos da reserva de emergência. Vou deixar mais fácil de entender:

- **Prazo**: até dois anos;

- **Necessidade principal:** previsibilidade;
- **Opções**: bom, este não é um livro com indicações de investimentos, mas uma possibilidade de caminho a ser seguido. Com as duas questões anteriores, fica fácil pensar em produtos que se encaixam nessas características. Nesse campo, a escolha é simples, sem muitas opções. Podem ser possibilidades públicas ou privadas, mas que por essência estejam ligadas, principalmente, à taxa de juros, a Taxa Selic. Para esse momento, as melhores opções devem abranger:
  - títulos pós-fixados (ao menos 100% do CDI);
  - Tesouro Selic;
  - poupança.

GAVETAS DO MEIO

Abaixo das gavetas com itens de necessidade básica na cozinha, estão aqueles utensílios que, volta e meia, precisamos, mas que não têm o uso tão recorrente para justificar estarem imediatamente ao alcance das mãos. Uma faca específica, o espremedor de algo, uma peneira talvez; vai muito dos hábitos e rotinas de cada um.

O importante é você entender a associação, e acho que deu para ficar claro. Geralmente não é nem uma gaveta apenas, são duas ou três. À medida que vai descendo, vai diminuindo a frequência de uso. Assim deve ser também com esse grupo de objetivos. Digo grupo porque, assim como no caso das gavetas, são diferentes itens por lá; as duas ou três gavetas se transformam em objetivos que dão de dois a dez anos. Tudo isso, Raphael? Sim. Não é uma regra rígida, mas gosto de trabalhar encaixando objetivos que vão de dois a dez anos como de médio prazo. Isso para dar tranquilidade, evitar agonia desnecessária e permitir dormir com tranquilidade sem aquela dor de barriga por causa das oscilações dos investimentos.

Para deixar o entendimento mais fácil:

- **Prazo**: dois a dez anos;
- **Necessidade principal**: ganho consistente com segurança;
- **Opções**: não preciso repetir o que pontuei no item anterior sobre indicação, mas vamos aqui para ativos que podem atender às necessidades. Vale, no entanto, reforçar que atender às características não significa ser o ideal para todas as pessoas. Você precisa considerar

outros pontos em consideração antes de colocar seu dinheiro lá. Dito isso, vamos para opções que podem atender as necessidades:

- títulos atrelados à inflação;
- fundos de renda fixa com rentabilidade superior ao CDI;
- títulos prefixados.

GAVETAS DE BAIXO

E o que fica naquelas gavetas lá do chão? Sei que não é fácil lembrar. Pode ir lá dar uma olhada, eu espero... Foi? Possivelmente estavam utensílios que você nem lembrava de cabeça, não é mesmo? Pode não lembrar, mas eles são sempre úteis quando requisitados. Processadores, suportes, alguns sacos especiais etc., são itens que estão longe de serem utilizados no dia a dia, mas que você sabe que vão socorrer na hora certa.

Entendeu o recado? Não precisa estar ao alcance das mãos, mas tem que estar ali. É o mesmo pensamento com esse grupo de objetivos. São aqueles projetos de mais longo prazo, acima dos dez anos. A compra da casa própria, a faculdade dos filhos, a festa ou viagem de 15 anos. São algumas das possibilidades nesse caso. E, claro, você pode incluir outros planos sem problema algum.

Aquela cola para ajudar:

- **Prazo**: acima de dez anos;
- **Necessidade principal**: ganho acima da inflação;
- **Opções**: depois de duas gavetas com o alerta nesse momento, já não preciso fazer o mesmo aqui, não é? Porém, não custa lembrar que não se trata de uma indicação, mas de uma avaliação geral do que os objetivos precisam. Nesse caso, como são mais de dez anos de prazo, a liquidez deixa de ser algo fundamental, portanto seu pensamento não deve estar em quão rápido vai conseguir ter aquele dinheiro à disposição para utilizar no que quiser. Da mesma forma, o risco a ser tomado pode ser um pouco maior, abre-se um espaço interessante para a renda variável. Claro, respeitando os limites de cada pessoa. No fundo, o cenário a ser buscado é o de vencer a inflação no período. Por quê? Bem, o mais importante, quando se trata de longo prazo, é evitar que seu dinheiro perca o poder de

compra; ao contrário, que você aumente esse poder com o passar do tempo. Isso se faz ganhando da inflação. Assim, as opções são:

- renda variável;
- títulos atrelados à inflação.

Essa é a ideia de separar seus objetivos e investimentos. É ter a visão direta do que cada um precisa e como está o andamento deles. Simples, prático e direto.

Calma, sei que você deve estar com uma pulga atrás da orelha. Está faltando algo, não é? Sim, está. Ela mesma, a aposentadoria. Ela se encaixa nessa última gaveta. No entanto, é tão especial que merece um capítulo exclusivo. É o que você vai ler a seguir.

QUANTO É O SUFICIENTE?

Já falei por aqui que tive uma vida de atleta na infância/adolescência. Minha rotina era dividida entre os estudos e a natação. O ponto alto para os nadadores baianos, entre os anos 1990 e início de 2000, era a Travessia Mar Grande/Salvador. Uma das provas mais tradicionais de maratonas aquáticas do Brasil. Eram cerca de 12 quilômetros em linha reta entre a Praia do Duro, na Ilha de Mar Grande, e o Porto da Barra, em Salvador. Uma aventura a nado na Baía de Todos os Santos.

Só que, por questões de maré, a prova raramente podia ser feita em linha reta. A distância final podia até se aproximar dos 20 quilômetros. Essa incerteza era um tormento. Não só pela estratégia a ser adotada no dia pelo guia, que acompanha o atleta no barco e precisa ajustar as condições do nadador às do mar para chegar ao destino, mas também pelo período de preparação.

Além da incerteza sobre a distância que seria percorrida no dia, havia na época o entendimento por parte dos treinadores de que quanto mais tempo se passava nadando, mais preparada a pessoa estaria para a travessia. Dessa forma, era normal treinar duas vezes ao dia — geralmente pela manhã e à noite. Quem buscava aquele algo a mais, no estilo do atual "trabalhe enquanto eles dormem", incluía uma sessão extra na hora do almoço.

Imagino que o cansaço bateu aí só de ler, não é?

Pois bem, com essa lógica de "quanto mais, melhor", tínhamos uma média de treinamento diária que superava os 15 quilômetros. Era como se fizesse uma travessia por dia durante mais de dois meses; isso sendo encarado como o necessário para adolescentes de 16 a 18 anos. Até porque dificilmente algum adulto, com vida profissional ativa, daria conta da rotina, mas era possível ter alguns jovens em vida universitária mantendo a rotina. Quanto mais treino, melhor.

Como consequência, muitos daqueles jovens não duravam muito no esporte após o feito. Alguns, pela paixão, repetiam a dose, mas sem a pretensão de "fazer o melhor tempo da vida". Mantinham o objetivo pelo amor. Aliada a essa taxa de retorno, a evolução dos estudos no esporte mostrou que não era necessário buscar o máximo tempo possível em atividade dentro da água. Há um limite. Seja pela individualidade de cada um, seja pelo desafio à frente. Há um limite entre o que é saudável e necessário para um bom desempenho e o que excessivo e perigoso. O segredo está em saber quanto é o suficiente.

Você pode ter lido esse relato e imaginado que hoje já não faço mais nada. Calma, não é bem assim. Não abandonei o esporte, sigo ativo e apaixonado pela natação, mas não consigo mais ouvir falar em competir. Vem à memória todo o esforço e trava tudo. Um belo indício de que fui além do que era necessário naqueles treinamentos.

Você deve estar se perguntando o que essa sessão de terapia está fazendo aqui no livro. É que muitas pessoas encaram a travessia da vida da mesma forma que os treinadores antigos: quanto mais, melhor.

Trabalho desenfreado, família escanteada, vida sendo deixada para "viver depois"... Uma receita que foi tida, por muito tempo, como de sucesso para poder acumular cada vez mais dinheiro. Apenas com o intuito de olhar a conta bancária, comparar com o vizinho de porta e rir: "eu tenho mais zeros".

Faz sentido esse acúmulo desenfreado? Estudos mostram que, além das necessidades básicas, há um limite para o dinheiro interferir no nível de felicidade. A partir de certo ponto, ele deixar de ser capaz de alterar tanto assim. Então, faz sentido abdicar da vida para essa acumulação? Você está indo por esse caminho?

Veja que isso não é uma criminalização da riqueza ou uma campanha contra o dinheiro, longe de mim. É apenas uma forma mais sensata de olhar as coisas. O acúmulo pelo acúmulo é pouco inteligente. Você pode ter e instituir, inclusive, um limite máximo que pretende ter, aquele valor que vai satisfazer sua vida, que vai dar o que busca, que vai lhe permitir o equilíbrio nos mais diversos campos.

O que eu estava relatando antes pode ser visto como o "trabalhe agora, curta depois". Algo visto de forma constante durante muitos anos no Brasil. Fazia sentido quando a vida ativa e a expectativa de vida eram mais curtas. A pessoa trabalhava por 25 ou 30 anos e tinha mais 15 para fazer o que bem entendesse. Atualmente, achar quem trabalha por menos de 40 anos tem sido uma raridade. Não dá para deixar para viver depois.

Por isso, é fundamental saber quanto é o suficiente.

MEIO OU FIM?

Ter esse viés em relação ao dinheiro exige uma mudança na forma como o enxergamos no dia a dia. Ele é um meio ou um fim? Para aqueles que buscam desmedidamente o acúmulo pelo acúmulo, ele é um fim, sem dúvida. Não existe pensamento, avaliação, nada disso. É a busca pelo dinheiro, esse é o objetivo final.

Para entender o quanto é suficiente, o dinheiro deixa de ser um fim. Ele faz parte de um caminho a ser percorrido, é um meio para chegar em algo. Não importa onde. Cada um tem o seu destino. Nesse processo, o dinheiro sai de foco. Não é ele quem está em primeiro plano. O que importa é entender os objetivos, o que além do dinheiro interessa. Após isso, aí sim, entender como o dinheiro pode contribuir nesse processo. Qual a função dele nessa história toda.

PREPARAÇÃO

Tudo o que foi falado por aqui serve de preparação para o que podemos chamar de ponto alto do livro, e vai além das questões conceituais que abordei no começo deste capítulo. As decisões financeiras, os possíveis usos do dinheiro, as avaliações financeiras e comportamentais, o acompanhamento da gestão financeira etc. são ferramentas que vão servir como alicerce para colocar em prática etapas até que você consiga entender o quanto é suficiente para você.

A estrutura do livro foi pensada de maneira proposital para chegar a este momento. A visão do dinheiro, as decisões financeiras, a gestão dos investimentos, é uma base necessária para que não fique tudo na teoria. Dessa maneira, é possível entender o conceito e colocar em prática da melhor maneira possível.

PRIMEIRO OS VALORES

Entender quanto é o suficiente não é uma tarefa simples, porque não estamos acostumados a pensar dessa maneira. Porém, existem meios de chegar a um grau possível de entendimento. Adianto aqui que os valores podem assustar. Na verdade, assustam em mais de 90% dos casos.

Contudo, sem desespero.

O susto provocado por essa realidade é importante. É a fome de ter uma visão clara do que se tem pela frente. A realidade, inclusive, permite uma melhor avaliação e, em certos casos, ajustes no estilo de vida.

Vou expor dois métodos que ajudam a entender esse valor. O primeiro fica mais visível para quem gosta de planilhas, seja no computador, seja no papel. Deixarei na sequência um exemplo de como você pode preencher sua previsão para a vida. A ideia é listar quais serão as necessidades e projetar cenários. O esperado, o mínimo e o máximo.

O segundo método não exige tanto dos números, é um pouco mais visual. Ele permite conhecer o processo no primeiro momento, mas, para que tenha eficácia, é necessário que os números sejam adicionados em uma segunda etapa. Calma, você já vai entender!

Antes disso, um exercício importante para permitir o avanço em todo esse processo. Vamos conversar sobre a trajetória de sua vida financeira. O primeiro passo é entender a origem de suas receitas: salário, aluguel, dividendos etc., todo o dinheiro que você recebe. Vamos pensar que essas receitas são como o fluxo de água que passa por um reservatório que abastece uma cidade. São esses os canais que, ligados ao grande tanque, vão enchendo seu reservatório financeiro.

Só que o reservatório não enche, enche, enche sem parar. Há também uma saída, não é? Afinal, a cidade precisa ser abastecida. Entenda aqui como "cidade" seu estilo de vida. Para que ele possa existir, as despesas fazem o papel dos canais que deixam o reservatório para abastecer toda a população.

Assim como acontece na vida real, é preciso entender a vazão de entrada e saída para que a água não seque.

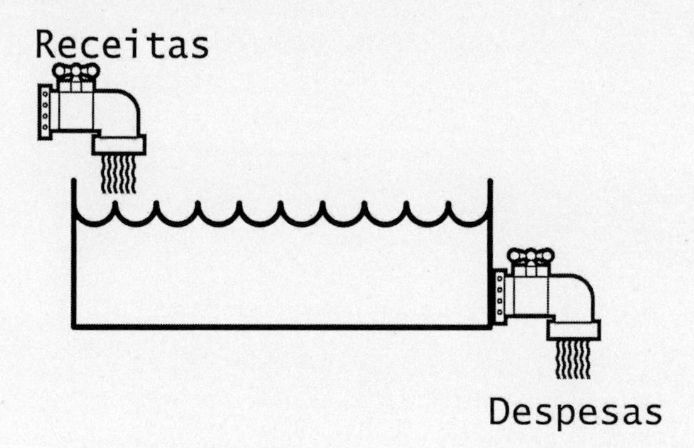

No primeiro momento da vida ativa financeiramente falando, as receitas permitem o abastecimento do estilo de vida e podem, dentro do possível, servir para que um patrimônio seja construído. Patrimônio para ser utilizado durante boa parte da vida, mas também terá um papel importante no futuro.

Ele pode ser formado por imóveis, automóveis, terrenos ou investimentos. São opções que podem ajudar a manter o nível do reservatório. Como assim?

A receita atual garante (pelo menos espero) o estilo de vida que pode ter no momento, mas provavelmente ela sofrerá um baque na aposentadoria. Para grande parte dos brasileiros, há uma queda considerável de renda ao se aposentar. Dessa forma, para manter o estilo de vida, alguns movimentos podem ser feitos. Uma possível casa de três quartos, por exemplo, pode mudar para dois quartos, terrenos vendidos, investimentos resgatados. São possibilidades que devem respeitar a realidade de cada pessoa, mas que são formas de manter o nível do reservatório quando o cano de entrada já não tem a mesma vazão. É uma maneira de turbinar a estrutura naquele momento.

Esses movimentos vão se juntar às novas receitas, previdência pública, previdência privada, possíveis trabalhos. Geralmente, há um baque nas receitas usuais, o que vai necessitar o incremento de novas fontes de renda para permitir que o reservatório se mantenha saudável.

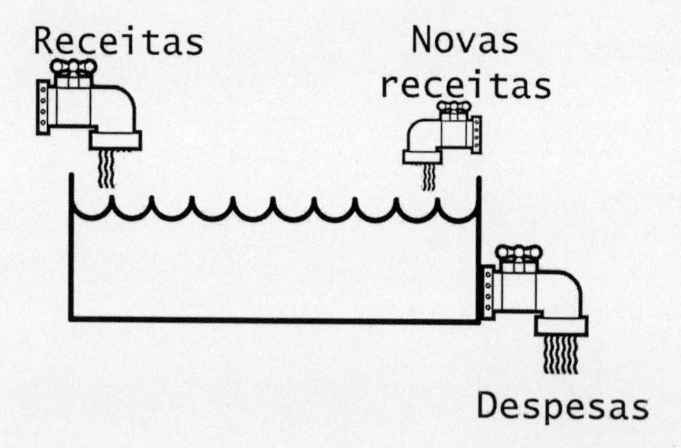

Nessa fase, o estilo de vida também sofre algumas mudanças, os gastos se alteram. O que tentei passar é que você não deixe para aproveitar a vida somente quanto se aposentar, mas é natural que haja um gasto maior com lazer, por exemplo. Saem questões do dia a dia de trabalho e entram mais gastos com o cuidado da casa, viagem, saúde etc., e o reservatório precisa ficar balanceado para suprir as saídas dessa primeira fase de aposentadoria.

Esse primeiro momento é quando o corpo ainda permite aproveitar o estilo de vida. É diferente do segundo momento da aposentadoria, quando o corpo não responde da mesma forma, as idas aos médicos são mais constantes, a lista de remédios aumenta, e as viagens não são tão frequentes. O "vazamento" do reservatório tende a ser maior nessa etapa, por isso, novos movimentos podem ter de ser feitos.

É também um momento de colocar em prática as definições do último momento da vida. Não gostamos de fala de morte, mas é uma certeza na vida de todo mundo. Então, quais definições seriam essas? Principalmente as decisões de usar todo o patrimônio acumulado ou deixar uma parte como herança (para quem tem essa possibilidade).

Esse é um resumo da parte teórica do "quanto você precisa". Na prática, vou procurar incluir os números em cada uma dessas etapas. É com os números que você pode entender quais decisões tomar agora que vão refletir em toda a sua vida.

ATITUDES NO AGORA

Essa projeção futura é importante não só para que você conheça o número, mas também para que ele guia suas decisões. Não adianta saber "o quanto você precisa" se esse dado ficar só no papel ou em algo físico. Quando vemos, nos engajamos mais, nos motivamos mais.

Assim como no caso do orçamento mensal, esse é um exercício que deve levar a reflexões, que vão moldar o estilo de vida para chegar ao número mágico. Obviamente alguns pontos necessitarão de sacrifícios, afinal, o dinheiro é finito, não se pode ter tudo.

Essas reflexões devem partir da ideia básica do que é realmente importante fazer ou ter. Esse é o questionamento para permitir entender quais são os bens e as experiências que, no longo prazo, devem estar entre suas prioridades.

São decisões que vão envolver como e onde morar (lembra o trecho sobre consórcios e financiamento?), ter ou não ter automóvel, férias, objetivos de curto e médio prazo. Enfim, decisões financeiras fundamentais para o bem-estar que estão diretamente ligadas ao estilo de vida desejado.

Muitas decisões não serão fáceis, vão precisar ajustar desejo e necessidade, mudar alguns hábitos, reorganizar objetivos. Mudar pode ser ruim? Sim. Será fácil? Não. Porém, é preciso ter em mente que será um movimento que vai evitar surpresas desagradáveis no futuro. Afinal, de que adianta manter um estilo de vida acima do que seria recomendado no presente se, no futuro próximo, haverá um baque forçando uma redução grande? São ajustes que vão permitir equilíbrio e mais tranquilidade durante toda a vida.

PREVIDÊNCIA É O CAMINHO?

Chegamos ao ponto que muitos de vocês estavam esperando. Quando se fala em pensamento de longo prazo, aposentadoria ou algo do tipo, o primeiro item lembrado é a previdência privada. Ela é apontada como a magia para não depender exclusivamente da previdência pública.

> Nesse ponto, um adendo. A previdência pública é importante, seja o regime exclusivo, seja o INSS. A ressalva é o método utilizado. O regime vigente, em 2022, no Brasil funciona com grande parte do montante utilizado na previdência sendo pago por aqueles trabalhadores que estão na ativa. Se o valor é insuficiente, o governo banca a diferença. Com a diminuição da taxa de natalidade, a pirâmide demográfica tem sofrido alterações, o que nos leva a uma constante necessidade de aumento no valor bancado pelo governo, o que deve gerar novas reformas na previdência pública.
>
> Por isso, depender exclusivamente do INSS, quando se pode organizar a aposentadoria de outras maneiras, não é a melhor decisão.
>
> Seria ótimo se cada um pudesse cuidar de sua própria previdência? Sim, mas na teoria. Na prática, em um país desigual, com déficit na educação básica e quase sem educação financeira, seria um erro. O dinheiro a mais que cada um receberia, no caso de não existir o aporte automático ao INSS, seria utilizado no curto prazo, principalmente para buscar melhores condições de vida, e a situação ficaria ainda pior na aposentadoria. Essa opção pode ser a melhor saída para uma população educada financeiramente.
>
> Caso a ideia seja aplicar o modelo no Brasil, ou permite-se essa educação, ou busca-se alternativas para dificultar decisões equivocadas que irão trazer prejuízo futuro. Fora isso, é menos prejudicial manter como está.

Com a explicação sobre a situação de previdência no país, voltamos ao foco. Há uma falsa sensação de que a previdência é o caminho único para quem planeja a aposentadoria, seja um fundo de previdência, seja uma daquelas oferecidas pelos bancos (que, na maioria das vezes, não é uma boa opção). Porém, não é apenas isso. A previdência privada é um produto, uma ferramenta que pode ou não estar no planejamento.

É uma opção que pode ser muito bem utilizada para os casos em que é indicada. Existem bons fundos que têm o combo de benefícios fiscais e sucessórios. A tributação regressiva, por exemplo, pode levar ao pagamento do imposto de renda de 10% (após dez anos), quando a menor alíquota para os investimentos tradicionais é de 15%. Além disso, quem tem uma previdência oficial e declara o imposto de renda no modelo completo tem a possibilidade de deduzir até 12% da renda tributável no ano.

Desenhando: vamos supor que a renda anual é de R$ 100 mil, e a pessoa se encaixa nos critérios citados. Dessa forma, ela pode investir até R$ 12 mil em uma previdência PGBL e, com isso, ter o valor abatido na declaração do imposto de renda. O que for investido acima dos 12% da renda tributável não entra na conta do benefício. Essa dedução não significa que o imposto não será pago, é uma elisão fiscal. Há a dedução no momento, mas na hora do resgate o cálculo do imposto de renda será sobre todo o valor que estiver na previdência. No modelo VGBL, por outro lado, o imposto recai somente sobre o rendimento.

Assim, para que o PGBL faça sentido, é preciso disciplina para reinvestir o montante proveniente da elisão fiscal. Caso contrário, o impacto no momento do resgate pode ser maior do que o imaginado.

Já em relação à sucessão, a previdência permite um acesso facilitado ao patrimônio. Os beneficiários recebem o que lhes é de direito sem a necessidade de passar por inventário. É um facilitador em um momento delicado das famílias, em que já existe a dor emocional. Com isso, ter uma boa previdência pode ser um passo importante no planejamento da aposentadoria, mas não é o único. Há quem se planeje sem precisar desse produto. Não se prenda a ele.

A primeira preocupação é com o conceito do que você vai precisar tanto na fase de acumulação quanto na de utilização. Primeiro o conceito, depois os produtos, que podem ser ações, títulos públicos, imóveis, previdência privada etc. O importante é se organizar bem para encontrar o equilíbrio necessário e evitar surpresas negativas quando chegar o momento de curtir a aposentadoria.

DO PAPEL PARA A AÇÃO

Quando olhamos o lado teórico, tudo parece fácil. Depois de entender o quanto é o suficiente, avaliar as possibilidades e conhecer as opções, o questionamento que pode vir é: como isso pode virar realidade para meu futuro?

Para colocar em prática, partindo do zero, não vou te deixar de mãos abanando. Colocarei a seguir duas estratégias gerais que podem servir como ponto de partida. Elas são gerais, por isso, genéricas, não levam em conta as particularidades de cada pessoa, mas são um bom ponto de partida.

Avalie cada uma delas como um esboço do que pode ser feito, não como uma regra para seguir sem questionar nada. Afinal, não conheço a fundo sua realidade, não teria como dizer com 100% de certeza o que é o melhor para você. Essas são duas maneiras de lidar com o dinheiro, no longo prazo, que são simples, práticas e podem ser adaptáveis às diversas realidades.

50-30-20

Antes de tudo, esse é um método bastante popular, para o qual tenho minhas ressalvas. Não gosto de determinar números fixos que sirvam como regas para qualquer pessoa. As finanças pessoais não podem ser encaradas como um produto de prateleira, não são pessoais à toa.

Apesar do adendo, acredito que o modelo pode servir como base. É uma orientação a ser seguida com a possibilidade de adaptações à realidade de cada pessoa. Coloco aqui porque acredito, apesar da resistência às regras prontas, que é melhor ter um guia para se inspirar do que começar como uma folha em branco. Feito esse alerta, vamos ao modelo.

O objetivo do 50-30-20 é aproveitar um modelo que permita a você encaixar todo o aprendizado do livro para chegar ao que é buscado neste capítulo: de quanto você precisa. O entendimento do 50-30-20 é permitir uma gestão simples e prática de suas finanças.

COMECEMOS PELO 50

Esse é o percentual da sua receita que deve ir para aqueles gastos considerados essenciais, que prefiro definir como fixos. Explico o motivo: classificar como essencial é muito vago. Alguns itens são fáceis de chegarmos a um acordo, como moradia, alimentação, energia, transporte e plano de saúde, por exemplo, mas outros entram no campo das particularidades. Deixar o critério de "cada um decide o que é indispensável" é um caminho aberto para desvios. Na dúvida entre manter ou diminuir um ganho em uma casualidade, a desculpa vai ser: é essencial para mim.

Por isso, prefiro que essa divisão seja com os gastos fixos, aqueles que sabemos que estarão ali mês após mês; nos dará previsibilidade, condição essencial para conseguir manter o projeto na linha.

Então comece pensando nos gastos fixos ocupando 50% de sua receita. É um ponto de partida, não uma determinação. Comece daí e faça os ajustes necessário para sua realidade. Algumas pessoas ficam "ok" com gastos fixos em 40%, outras precisam de 60% porque o custo de vida está alto, e o salário, baixo.

Muito cuidado para não ser condescendente demais e elevar o percentual dos gastos fixos acima do razoável; assim como não faz sentido apertar ao extremo e ter uma vida de privações. Lembre-se de que buscamos aqui ter um estilo de vida satisfatório dentro do possível.

VAMOS PARA O 30

Seria o percentual destinado originalmente para os gastos não essenciais, mas, como falei antes, não gosto da divisão dessa maneira. Prefiro que encare os 30% para os gastos variáveis. São aqueles que não têm a frequência garantida, que não necessariamente farão parte do orçamento todos os meses. Para facilitar o entendimento, geralmente se encaixam aqui aqueles itens que consideramos desejos. Podemos incluir a TV por assinatura, mimos, lazer, lanches, compras esporádicas, entre outros.

Assim como no item anterior, esse é um ponto de partida. Um percentual para servir como guia.

Quanto mais fixo, melhor

O grande diferencial, nessa organização financeira, é ter previsibilidade para sua vida. Quanto mais você consegue transformar seus gastos em fixo, melhor para a previsibilidade.

Como assim, Raphael?

Uma forma de transformar gastos variáveis em fixos pode ser com o Ifood e o Uber.

Primeiro o Ifood: em vez de pedir as refeições aleatoriamente durante os dias, você pode ajudar o controle dos gastos com uma simples mudança. Estipule um valor mensal e compre de créditos no aplicativo. Agora você tem um gasto fixo: R$ 400 por mês no Ifood. Caberá a você fazer o controle durante o mês.

Com os pedidos de comida, podemos regular, fazer ou não a depender do momento. No transporte não é tão simples assim. Em muitos casos, é uma necessidade. Aqui é mais difícil ter o benefício de redução de gasto, mas há um controle melhor. Em vez daqueles registros espalhados pela fatura do cartão, que fica até difícil de saber se foram feitos por você mesmo, haverá apenas registros pontuais dos créditos comprados no aplicativo.

Dessa forma, dois gastos variáveis passam a ser fixos, e você ganha previsibilidade e melhor controle. De quebra, uma amostra de como encarar regras prontas como dogmas pode dificultar. Com dois novos itens, por exemplo, aqueles 50% podem subir um pouquinho, não é?

POR FIM, OS 20

Chegamos ao ponto final dessa primeira estratégia. Os 20% restantes da fórmula original são destinados para poupar, seja para projetos pessoais, objetivos de médio prazo ou aposentadoria. É o famoso "invista 10% do que você ganha".

Vamos ser realistas? Na sociedade brasileira, conseguir poupar 20% do salário é um privilégio para poucos; não podemos nos esquecer disso. Porém, podemos seguir com a estratégia adaptada a cada realidade. Que não sejam os 20%, que seja o que for possível para você. Até coloque o número mágico como uma meta a ser alcançada, só não se obrigue a chegar nela. Comece com o possível dentro da composição com os dois outros itens, os gastos fixos e variáveis.

Esse percentual de sua receita vai permitir a realização dos objetivos, os investimentos de longo prazo e a formação de sua aposentadoria. É o que vai compor o reservatório que vai suprir o quanto você precisa.

AQUELES 4%

A divisão 50-30-20 é uma forma de tentar lidar com as finanças durante a fase de acumulação do patrimônio (falamos dela lá no começo). Mais uma vez repito, não se trata de uma regra pronta para ser replicada sem questionamentos. Trouxe-a aqui como um exemplo para servir de norte a quem não tem qualquer tipo de noção do que fazer.

Essa é a primeira parte do processo: manter as finanças organizadas durante boa parte da vida para permitir, em determinado momento, chegar àquele "quanto" de que você precisa — ou próximo a ele. E depois disso? O que fazer quando o valor estive bem ali, quando o reservatório começar a ter as novas torneiras de saída? O que fazer para que os novos pontos de vazão não acabem se transformando em rachaduras que vão minar o reservatório?

Antes de um exemplo do que pode ser feito para que esse valor se torne, ao menos, possível, é hora de uma possibilidade para a segunda etapa. Um norte para se ter ideia do que pode ser feito. Mais uma vez, com um método bem difundido em todo o mundo: a regra dos 4%.

A ORIGEM

A regra dos 4%, também conhecida como Safemax, teve origem em um estudo elaborado por Willian Bengen. Posteriormente ao que foi propagado por ele, professores da Universidade de Trinity se juntaram para responder à pergunta tema deste livro. Na verdade, foram até um pouco mais profundos no questionamento.

Quanto preciso acumular e quanto posso gastar para me aposentar cobrindo todos os meus gastos?

Eles chegaram a uma resposta similar, os 4%; mas não foi um número aleatório. O desenvolvimento do cálculo levou à conclusão de que uma pessoa precisa de 25 vezes o gasto anual (foi um estudo feito nos EUA, por isso a métrica em anos) ou 300 vezes a despesa mensal para encontrar o número mágico.

Por exemplo, se suas despesas mensais são de R$ 5 mil, você tem uma despesa anual de R$ 60 mil. Para que possa manter o reservatório em pleno funcionamento, você teria que ter um total de R$ 1,5 milhão.

Esse valor investido de maneira correta, com um retorno real de 4%, ou seja, um rendimento de 4% acima da inflação, vai permitir que seu reservatório possa abastecer suas necessidades sem maiores problemas.

Você pode agora reclamar comigo que eu poderia ter resumido o livro aos últimos parágrafos. Não te julgo, mas estaria apenas fazendo uma regra pronta para você, sem considerar todas as variáveis que temos ao longo da vida, todas as decisões financeiras que precisamos tomar e todos os outros "porém" que fazem com que esse 25 vezes a despesa anual não sejam tão simples assim de ser alcançado.

E NO BRASIL?

Como mencionei, esses foram estudos que tiveram origem nos Estados Unidos. A realidade lá é bem diferente da brasileira, inclusive em relação aos investimentos — sem contar o histórico de inflação. Calma, não precisa desespero.

O entendimento dos 4% pode ser adaptado ao que vivemos no Brasil. Não é preciso desenvolver nenhuma grande engenharia nos investimentos. Uma política de investimento bem montada, como a divisão por objetivo dos capítulos anteriores, pode ser o bastante para cumprir essa missão.

Basta lembrar que o governo brasileiro emite dívida com retorno acima da inflação. É o popular IPCA+, título público do Tesouro Direto. Ele já nos daria o ganho real, mas é bom ter cuidado com o entendimento dele, pois o imposto de renda é cobrado sobre todo o capital, ou seja, o percentual de inflação e o valor fixo. Assim, em casos extremos, com a inflação acima dos 30%, o retorno real pode ser negativo. Só que não é isso que temos visto, ao longo das últimas décadas, no Brasil. A inflação tem permanecido mais comportada do que em outros momentos do país.

Além disso, você não vai fechar o livro agora e colocar todo o dinheiro que tem em um título desse. Ele é apenas um dos que pode compor sua estratégia, e isso será feito aos poucos, com estudo, disciplina e, caso ache necessário, acompanhamento de um especialista para manter o planejamento dentro do que você espera dele.

APENAS UM GUIA

Vale novamente o alerta feito anteriormente. A Regra dos 4% não é infalível. Os custos mensais têm variação ao longo da vida, nosso estilo de vida muda, os desejos, as necessidades e aspirações se transformam, por isso não é uma conta fechada feita apenas uma única vez e pronto.

Utilize essa regra como uma orientação para facilitar sua busca pelo "quanto você precisa". Será uma bússola para que tenha noção do tamanho do reservatório que precisará construir ao longo de sua vida, o balizador para suas finanças pessoais.

Nada de regras prontas e soluções de prateleiras. Respeite sua realidade!

CONCLUSÃO

Fico extremamente feliz que tenha chegado até aqui. Quando decidi escrever este livro, nunca quis que fosse uma maneira de ditar regras ou de criar algo impassível de críticas. Minha ideia sempre foi ter um compilado de orientações e práticas para melhorar a relação que as pessoas têm com o dinheiro e permitir uma saúde financeira melhor.

Foi um material elaborado ao longo de 2022. Inclusive escrevo esta última parte nas últimas horas do ano, no dia 31 de dezembro. Por ter sido escrito ao longo de todo um ano — e uma grande parte escrita à mão — acabou tendo a influência de diversas leituras, estudos e guias. Por mais que a dor do dedo quebrado tenha feito para a escrita em muitas oportunidades, creio que o resultado ficou ainda mais completo por isso.

Ao longo de todo o livro, procurei me ater à realidade brasileira e buscar exemplos que podemos encontrar aplicabilidade no dia a dia. De nada adiantaria ter aqui um livro repleto de teoria, daquelas de melhor qualidade possível, se na prática a aplicabilidade ficasse comprometida. Prefiro um livro prático, daqueles que você consegue enxergar sua realidade e pode colocar em ação nas suas finanças. Espero ter atingido esse objetivo.

Por fim, meu desejo é que tenha conseguido transformar em palavras todo o conteúdo que estudei e aplico ao longo de minha atividade profissional e que seja uma transformação para você. Para que isso aconteça, mais do que o conteúdo do livro, é necessário que você entre em ação. Quando falo entrar em ação, não é apenas avaliar o que pode ser ou não aplicado dentro de sua realidade, mas transformar as finanças pessoais em um assunto importante do nosso dia a dia.

Acredito que grande parte dos problemas que temos relacionados ao dinheiro (quando vai além da falta dele) tem relação com o pudor que temos para falar dele. Quanto mais falamos, quanto mais contamos experiências, mais aprendemos. Por isso, não retenha o que aprendeu aqui. Converse, compartilhe seu novo conhecimento financeiro. Que possamos mudar hábitos e tornar a relação financeira melhor!

Meu muito obrigado por confiar em mim para algo tão importante em sua vida.

Fim.